ワンコイン参考書シリーズ

小6 理科 参考書

日栄社

刊行にあたって

「バブル崩壊」という経済的な事件が、日本で1990年近辺に起こりました。1945年に第二次世界大戦に敗戦した日本は、戦後の復興から、約半世紀にわたる経済成長をとげましたが、「バブル崩壊」は「高度経済成長」から続いていた日本の右肩上がりの時代の終わりを告げるものでした。

それ以降、日本では「失われた30年」とも言われる沈滞の時代が続いています。

「一億総中流」と呼ばれ、がんばれば誰もが豊かになれると信じられた社会から、貧困率が上昇し続ける「格差社会」へと、日本の社会は姿を変えつつあります。子どもたちの生活においても、「7人に1人」が貧困であると言われています。

貧困は子どもたちから教育の機会を奪います。子どもが成長して親になったときに、教育の不足ゆえに低い収入で働き続けることを受け入れざるを得なかったとすれば、その次の世代の子どもも、また貧困に苦しみ、十分な教育から遠ざけられかねません。これは「貧困の連鎖」「格差の連鎖」と呼ばれています。

また、教育の不足で十分な収入が得られないために、不本意ながら結婚や出産をあきらめる人たちもいることでしょう。青壮年の貧困は「少子化」の大きな原因のひとつともなっています。

こういった悪循環は、日本の現在の大人である私たちが作りだしたものであり、子どもたちには何の責任もありません。この悪循環を止めるにはいろいろな方法があろうかと思いますが、「高齢化」が進行し、福祉にますます財源が必要になる中でも、貧しさが原因で子どもが学びをあきらめるような社会をつくってはならないと、私たちは考えています。

『ワンコイン参考書・問題集（税別500円）／ツーコイン電子参考書・電子問題集（税別200円）』は、未来を担う日本の子どもたちが安くても良質な参考書・問題集を手に取れるようにとの思いで刊行しました。この理念に賛同してくれた著者の先生や、制作会社、印刷会社の人たちのおかげで、このシリーズを刊行することができました。

子どもたちよ、どうか「学びを、あきらめない」でください。このシリーズが子どもたちの役に立つことを祈っています。

2022年10月27日　日栄社編集部

もくじ　小６理科参考書

第1章 ものを燃やす

1 ものが燃えるのに必要な気体

ものをよく燃やすためには，どのような工夫《くふう》が有効でしょうか。かまどで木を燃やすときは，すきまをつくるとよく燃えます。

木が燃えるためには空気が必要です。すきまをつくることにより，多くの空気が木に触《ふ》れることができます。

木以外でも，ものが燃えるためには空気が必要です。

参考

ものが燃えることを「燃焼《ねんしょう》」ということもあります。

地上の空気は窒素《ちっそ》や酸素，アルゴン，二酸化炭素などの気体が混ざってできています。

ものが燃えるには，空気の成分のうち，どの気体が必要でしょうか。

空気に多く含《ふく》まれている気体のうち，酸素にはものを燃やす（ものが燃えるのを助ける）はたらきがありますが，窒素《ちっそ》にはものを燃やすはたらきはありません。

実際，窒素《ちっそ》で満たされた（窒素《ちっそ》だけが入っている）びんに，火をつけたろうそくを入れても，火はすぐに消えてしまいます。なお，二酸化炭素にもものを燃やすはたらきはありません。

参考

空気の成分（体積の割合《わりあい》）

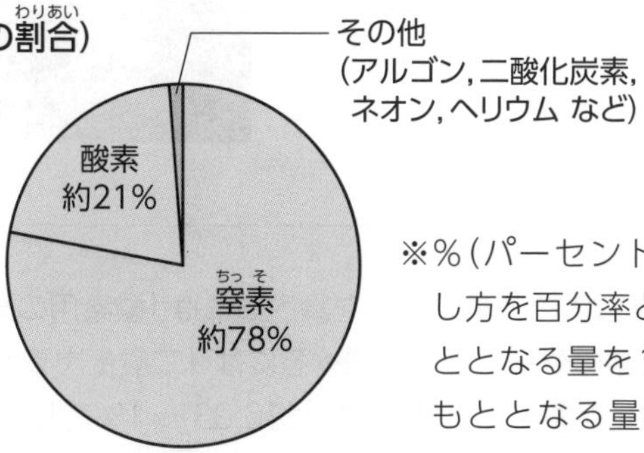

※%（パーセント）を用いた表し方を百分率といいます。もととなる量を100%として，もととなる量の半分ならば50%となります。

参考

ものが燃えるとき，次の3つの条件「燃えるもの」，「温度」，「酸素」がそろっていなければなりません。

2 ものが燃えるときの空気の変化

ものが燃えるときには酸素が必要ですが，ものが燃えた後，酸素はどうなるのでしょうか？

なくなるのでしょうか，それとも他のものに変わってしまうのでしょうか。

空気を入れたびんの中でものを燃やすとき，燃やす前と燃やした後でびんの中の空気の成分がどう変わるかを調べます。

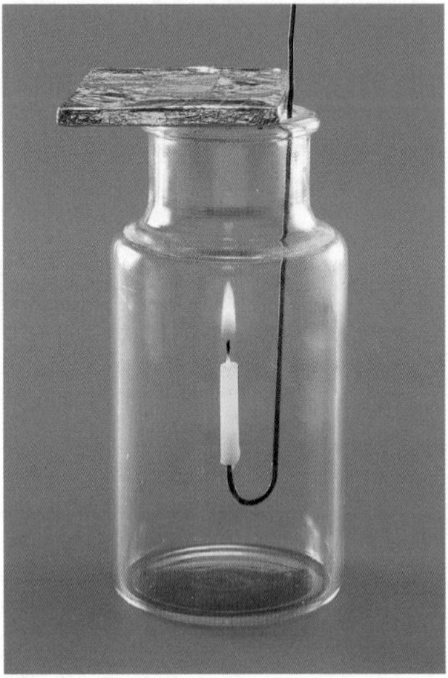

参考

空気に含《ふく》まれる酸素の体積の割合《わりあい》を調べるには「酸素用の気体検知管」を用います。二酸化炭素の体積の割合《わりあい》を調べるには「二酸化炭素用の気体検知管」を用います。二酸化炭素用の気体検知管は「0.03～1％用」，「0.5～8％用」など，濃度《のうど》（濃《こ》さ）によって分かれています。

また，二酸化炭素については，石灰《せっかい》水を用いる方法もあります。石灰《せっかい》水には，二酸化炭素に触《ふ》れると白くにごる，という性質があります。空気が入ったびんに石灰《せっかい》水を入れて，空気と石灰《せっかい》水が混ざるようにふります。二酸化炭素が多く含《ふく》まれていたら，石灰《せっかい》水は白くにごります。

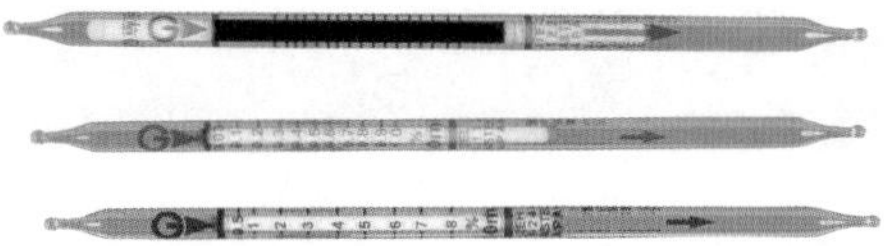

酸素用検知管（6 ～ 24％用）

二酸化炭素用検知管（0.03 ～ 1％用）

二酸化炭素用検知管（0.5 ～ 8％用）

石灰《せっかい》水を用いて二酸化炭素があるかを調べる方法

ろうそくをびんから取り出し，石灰《せっかい》水を入れる。

びんをふる。

二酸化炭素に触《ふ》れると，石灰《せっかい》水が白くにごる。

気体検知管を用いると，ものを燃やす前と燃やした後で酸素（燃やす前は体積で21％程度）は減り，二酸化炭素（燃やす前は体積で0.03 ～ 0.04％程度）は増えることがわかります。

燃やす前の空気では石灰《せっかい》水は無色透明《とうめい》のままですが，燃やした後の空気では石灰《せっかい》水は白くにごります。

このことから，ものが燃えるときには，空気中の酸素の一部が使われて，二酸化炭素が発生することがわかります。

なお，ものが燃えるときに，窒素《ちっそ》の体積は変化しません。

また，鉄のように，燃えても二酸化炭素が発生しない物質もあります。

発《はっ》展《てん》事《じ》項《こう》 ― 余《よ》裕《ゆう》のある人向け

ガスバーナーの使い方

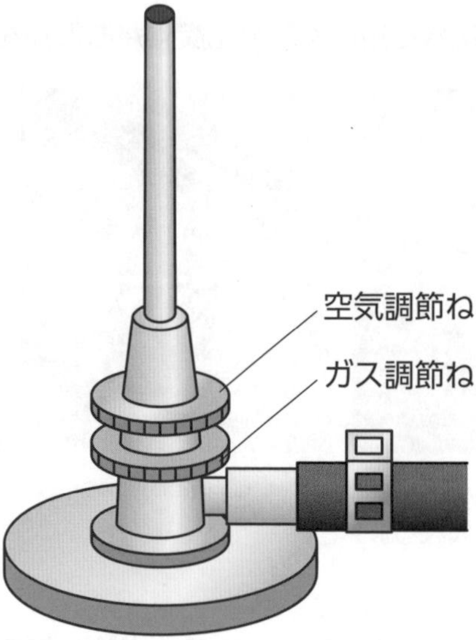

・マッチに火をつけた後，ガスバーナーの口にマッチの火を近づけた状態でガス調節ねじを開き，点火します。

・さらに，ガス調節ねじを回して炎《ほのお》の大きさを調整し，その後，空気調節ねじを開いて，炎《ほのお》が青色になるようにします。

・ガスバーナーを消すときには，空気調節ねじ→ガス調節ねじの順で閉《と》じます。

気がついたことを書きとめよう

確認《かくにん》問題

解答 14ページ

1．空気の成分

次の空らんに入る言葉を答えましょう。選択肢《せんたくし》が示されている場合は，適切なものを選びましょう。

空気は，体積の割合《わりあい》では，約78％が【　①　】，約21％が【　②　】，約0.04％が【　③　】という【　④液体・固体・気体　】からできています。

ものが燃えるには，空気のうち，【　⑤　】が必要になります。実際，【　①　】だけが入っているびんに火をつけたろうそくを入れても火はすぐに消えてしまいます。

木片《もくへん》などの，身近なものの多くは，燃えるために【　⑤　】を使い，【　⑥　】を出します。つまり，木片《もくへん》が燃えた後のまわりの空気は【　⑤　】が減り，【　⑥　】が増えています。
【　⑥　】が増えたかを確認《かくにん》するには【　⑦　】水を用います。【　⑦　】水は【　⑥　】に触《ふ》れると【　⑧　】くにごります。実際，【　⑦　】水は木片《もくへん》が燃えた後の空気に触《ふ》れると【　⑧　】くにごるので，【　⑥　】が増えたことがわかります。

〔①　　　　　　　　②　　　　　　　　〕
〔③　　　　　　　　④　　　　　　　　〕
〔⑤　　　　　　　　⑥　　　　　　　　〕
〔⑦　　　　　　　　⑧　　　　　　　　〕

2. ろうそくの燃え方

1 空らんに入る言葉を下の図の㋐～㋓から選んで答えましょう。

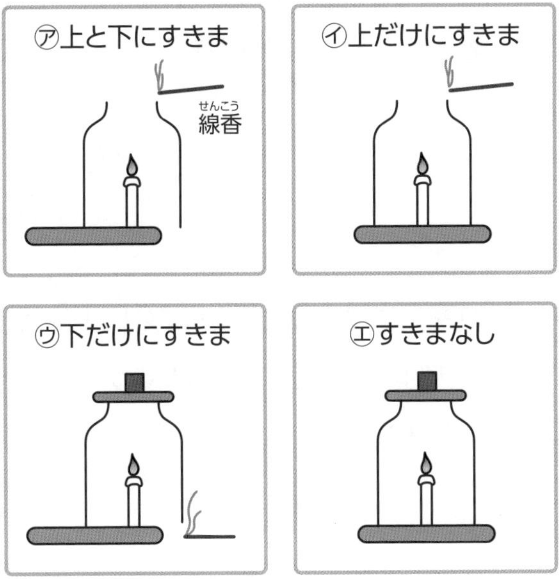

上の図のうち，ろうそくがいちばんよく燃えるのは【　①　】で，すぐに消えるのは【　②　】と【　③　】です。

〔①　　　　②　　　　③　　　　〕

2 次の空らんに入る言葉を答えましょう。

1 で線香《せんこう》を近づけているのは，線香《せんこう》の【　　　　　】で空気の流れの方向を見るためです。

〔　　　　　　　　〕

3. ものの燃焼《ねんしょう》

次の空らんに入る言葉を答えましょう。選択肢《せんたくし》が示されている場合は，適切なものを選びましょう。

(1)　ものが燃えるためには，【　①　】，【　②　】，【　③　】が【　④ すべてそろっていなければならない・1つでもあればよい　】。

〔①　　　　　　②　　　　　　③　　　　　　〕

〔④　　　　　　　　　　　　　　　　　　　　〕

(2)　以下のそれぞれの気体を集めたびんに火のついたろうそくを入れると，火はどのようになりますか。選択肢《せんたくし》から選んで記号で答えましょう。

①酸素

②二酸化炭素

③窒素《ちっそ》

ア　激《はげ》しく燃える

イ　変わらない

ウ　すぐに消える

〔①　　　　　②　　　　　③　　　　　〕

(3)　次の①～③について，正しいものに○，まちがっているものに×をつけましょう。

①窒《ちっ》素《そ》にはものを燃やすはたらきがある。

②酸素に触《ふ》れると石灰《せっかい》水は白くにごる。

③木片《もくへん》が燃えると二酸化炭素ができる。

〔①　　　　②　　　　③　　　　〕

解 答

問題 10ページ

1. 空気の成分

①窒素《ちっそ》　②酸素　③二酸化炭素　④気体

⑤酸素　⑥二酸化炭素　⑦石灰《せっかい》　⑧白

2. ろうそくの燃え方

1 ①㋐　②，③㋒，㋓（順不同）

解説 空気が入れかわり，新しい酸素が入ってくるものが燃え続けます。ろうそくが燃えると二酸化炭素が出ます。実は二酸化炭素は空気全体より重いのですが，ろうそくのまわりの二酸化炭素はあたためられて（あたためられなかったら二酸化炭素は下にいきますが）上にいき，びんの外に出ることになります。その結果㋑は，酸素を十分に含《ふく》んだ新しい空気がまたびんの中に入ってくるので，燃え続けます。

2 けむり

3. ものの燃焼《ねんしょう》

⑴①～③燃えるもの，温度，酸素（順不同）

④すべてそろっていなければならない

⑵①ア　②ウ　③ウ

⑶①×　②×　③○

気がついたことを書きとめよう

第2章　動物のからだとはたらき

1　食べ物の養分

米をしっかりかむと，甘《あま》く感じることがありますが，これはなぜでしょうか。

5年生ででんぷんについて学びましたが，でんぷんは米，小麦，いも，豆類などに多く含《ふく》まれており，発芽や成長に使われます。

発芽する前の種子にうすいヨウ素液をつけると青むらさき色になり，でんぷんが多く含《ふく》まれていることがわかります。一方，発芽してしばらくたつと，ヨウ素液をつけても青むらさき色にならず，でんぷんが少なくなっていることがわかります。

人が米をかんだときも，同じようにでんぷんに変化があるのでしょうか。

だ液が米のでんぷんを変化させているかを調べるときにも，ヨウ素液を使います。

米つぶを2つの試験管に入れます。片方《かたほう》の試験管はそのままに，もう片方《かたほう》の試験管にはだ液を入れます。

すると，だ液を入れなかった試験管の米つぶは青むらさき色に変化しますが，だ液を入れた試験管の米つぶの色は変化しません。

このことから，米つぶに含《ふく》まれるでんぷんは，だ液によってでんぷんではないものに変化することがわかります。変化した後のものによって，人は甘《あま》さを感じます。

食べ物が，歯で細かくなったり，からだに吸収《きゅうしゅう》されやすい養分に変化したりすることを「消化」といいます。

口に入った食べ物は，

食道→胃《い》→小腸《しょうちょう》→大腸《だいちょう》

と通っていき，消化されます。

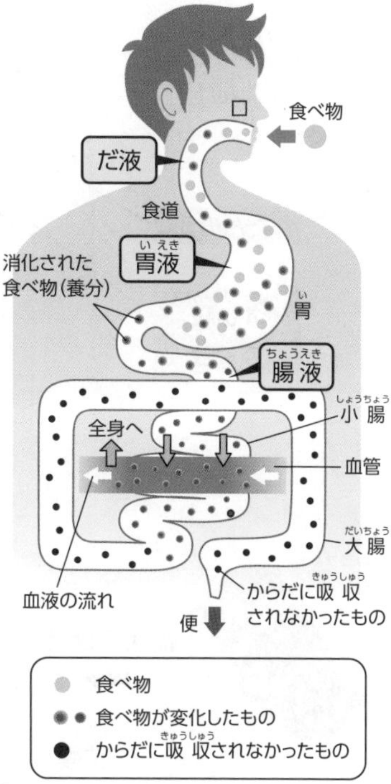

上で学んだように，だ液にはでんぷんを別の養分に変えるはたらきがあります。このように，食べ物や養分を，より吸収《きゅうしゅう》しやすい別の養分に変えるはたらきを持つ液体を消化液とよびます。

養分や水は主に小腸《しょうちょう》から吸収《きゅうしゅう》されます。その際，小腸《しょうちょう》を通る血管から血液に取り入れられて，全身に運ばれます。

さらに，小腸《しょうちょう》で吸収《きゅうしゅう》されなかったもののうち，水は大腸《だいちょう》で吸収《きゅうしゅう》されます。残りは，こう門から便としてからだの外に出ることになります。

食べ物の通り道を「消化管」とよびます。消化管は口から始まりこう門で終わります。

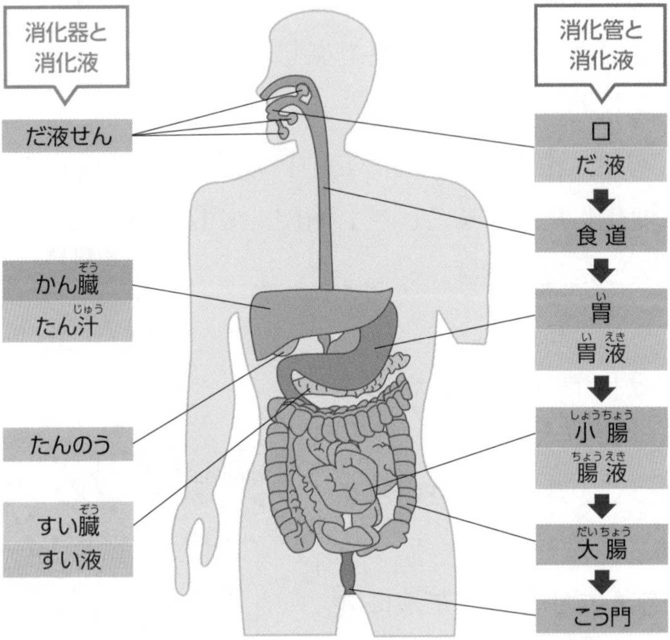

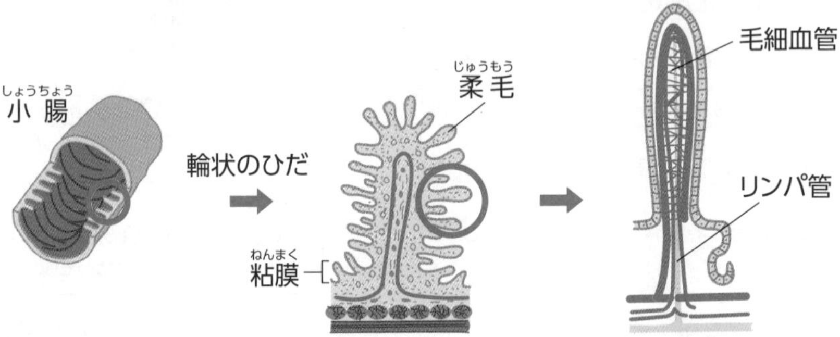

参考

・消化器・消化管から消化液が出ます。
・小腸《しょうちょう》の内側はひだになっていて，食べたものと小腸《しょうちょう》の触《ふ》れる面積が大きくなるようになっています。触《ふ》れる面積が大きいのは，食べたものを吸《きゅう》収《しゅう》しやすくするためです。

2 呼吸《こきゅう》

動物は空気を吸《す》って生活しています。1章でも説明したように，地上の空気は窒素《ちっそ》や酸素，アルゴン，二酸化炭素などの気体が混ざってできています。

では，空気中の何をからだに取り入れているのでしょうか。

人がはき出した空気のうち，酸素は全体の体積の18％くらいであり，二酸化炭素は全体の体積の3％くらいとなっています。

人が吸《す》う空気，すなわちまわりの空気では，酸素は全体の体積の21％くらいであり，二酸化炭素は全体の体積の0.03～0.04％くらいです。

このことから，人は空気中の酸素を取り入れ，二酸化炭素を出していることがわかります。この「酸素を取り入れ，二酸化炭素を出すこと」を呼吸《こきゅう》とよびます。

3 肺《はい》

人が息を吸《す》うと，口や鼻からからだの中に空気が入ります。その空気は，気管を通って肺《はい》に入ります。

肺《はい》は左右2か所あり，血管が通っています。その血管から，酸素の一部が血液に取り入れられます。また，血管から二酸化

参考

はき出した空気にも酸素は残っていますから，呼吸《こきゅう》で酸素が全部使われたわけではありません。

炭素が出されます。そして，からだの中の空気は二酸化炭素を多く含《ふく》み，その空気は気管を通って口や鼻から出ていきます。

呼吸《こきゅう》のしくみ

肺《はい》のつくり

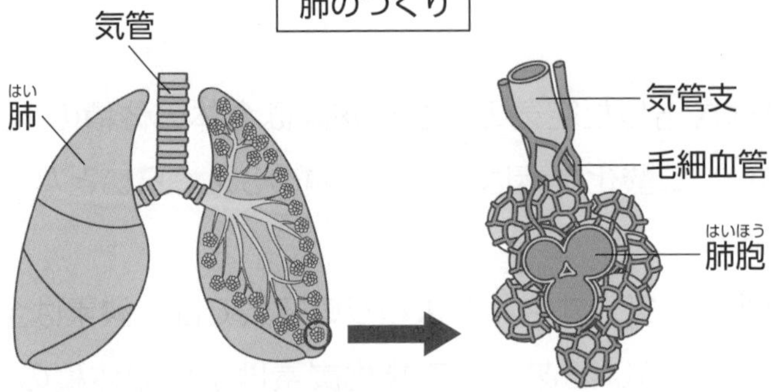

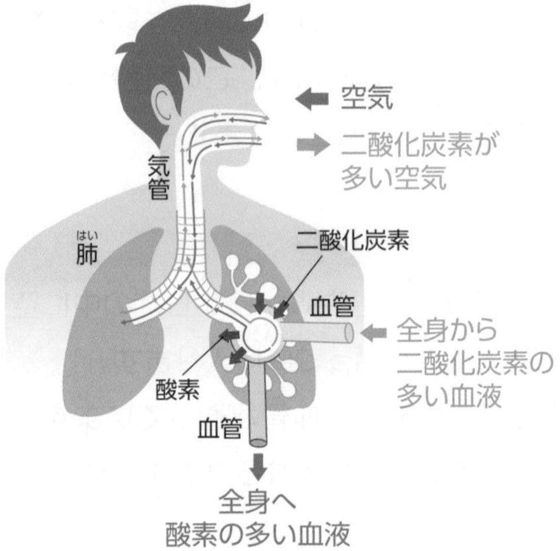

参考

- 空気を吸《す》うと胸《むね》がふくらむことがあります。それは，空気が肺《はい》に入ったことが原因です。
- ネコやイヌは人と同じように肺《はい》で呼吸《こきゅう》をしますが，魚は肺《はい》ではなくえらで呼吸《こきゅう》をしています。えらに通っている血管から水中の酸素を取り入れて，水中に二酸化炭素を出しています。

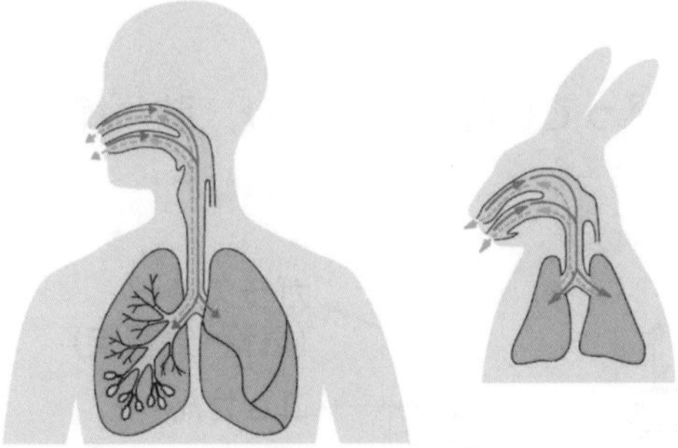

人間とウサギの肺《はい》

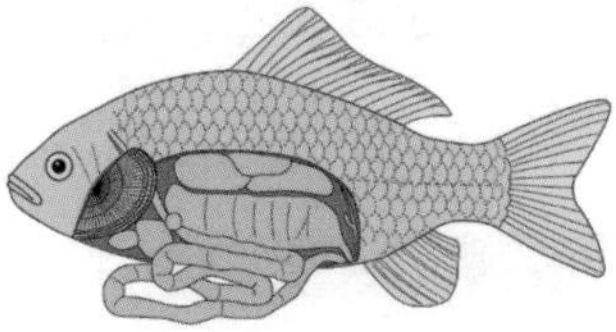

フナのえら

4 血液

人が肺《はい》で取り入れた酸素や，小腸《しょうちょう》で吸収《きゅうしゅう》した養分は，血液により，全身に運ばれます。

心臓《しんぞう》のはたらきによって血液は全身に送られます。

首や手首に指を当てたときにドクドクという動きを感じることがあります。これは脈拍《みゃくはく》とよばれ，血液を送り出した心臓《しんぞう》の動きが血管を伝わってきたものです。

発展事項《はってんじこう》 — 余裕《よゆう》のある人向け

肺《はい》のしくみ

・肺《はい》には筋肉《きんにく》はありません。

・空気を吸《す》うと，肋骨《ろっこつ》が上がって横隔膜《おうかくまく》が下がり，肺《はい》がふくらみます。

・空気をはくと，肋骨《ろっこつ》が下がって横隔膜《おうかくまく》が上がり，肺《はい》が縮《ちぢ》みます。

肺《はい》の模型《もけい》

ゴム膜《まく》を引くと風船がふくらみ，ゴム膜《まく》をもどすと風船が縮《ちぢ》みます。肺《はい》もこれと同じように，横隔膜《おうかくまく》の上げ下げによって，ふくらんだり縮《ちぢ》んだりしています。

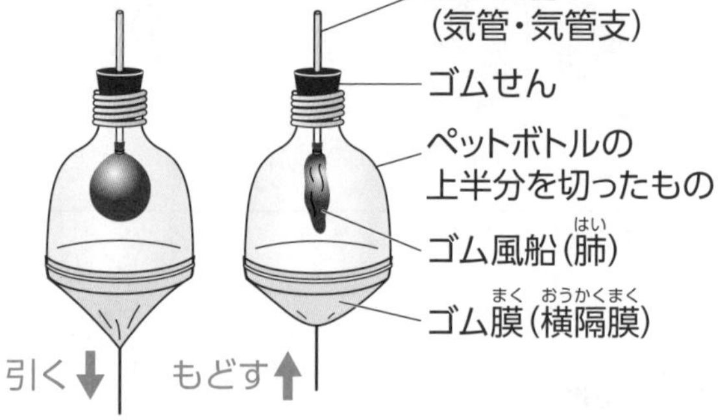

臓器《ぞうき》の名称《めいしょう》まとめ

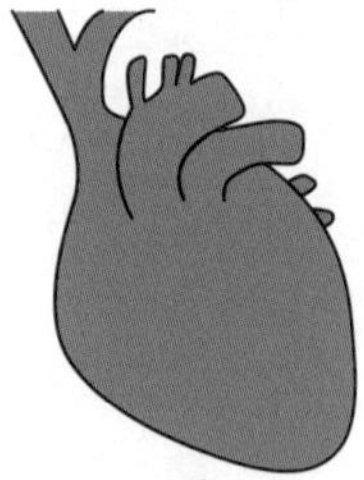
心臓《しんぞう》

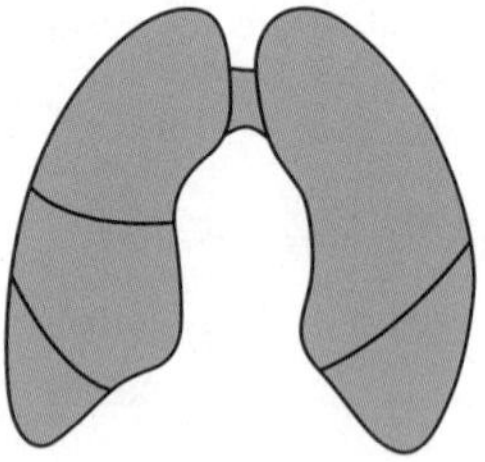
肺《はい》

心臓《しんぞう》：血液を送り出す

肺《はい》　：血液中の気体を交かんする

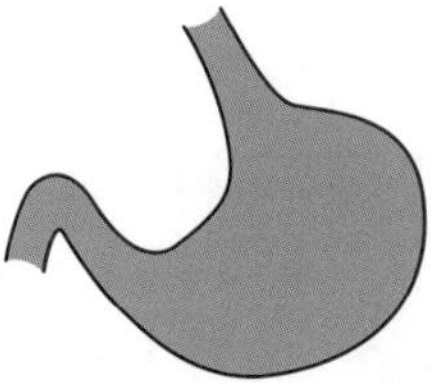

胃《い》

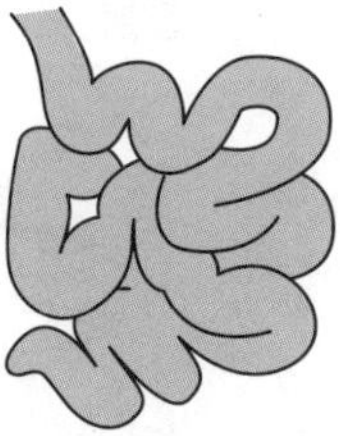

小腸《しょうちょう》

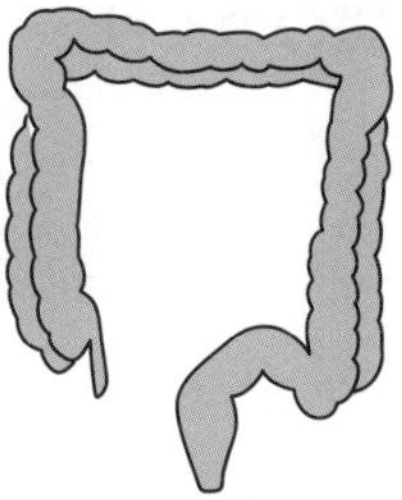

大腸《だいちょう》

胃《い》　：たんぱく質を消化する・胃酸《いさん》で雑菌《ざっきん》を殺す

小腸《しょうちょう》：養分を消化吸収《きゅうしゅう》する

大腸《だいちょう》：水分を吸収《きゅうしゅう》する

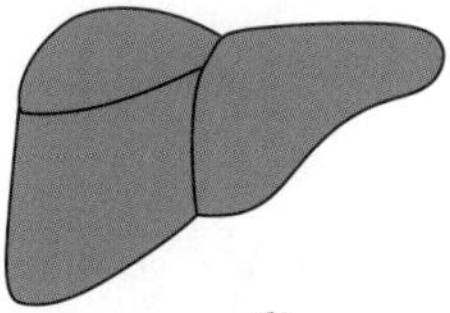

かん臓《ぞう》

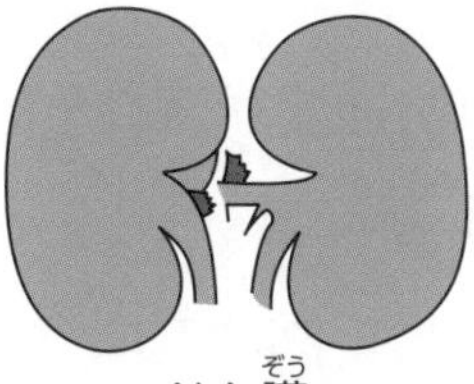

じん臓《ぞう》

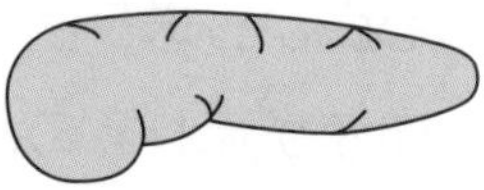

すい臓《ぞう》

かん臓《ぞう》：たん汁《じゅう》をつくる・養分をたくわえる・解毒《げどく》する

じん臓《ぞう》：血液中の不要物をこし取る

すい臓《ぞう》：すい液をつくる

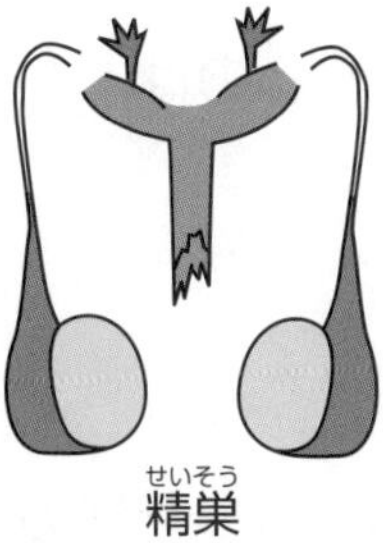

精巣《せいそう》

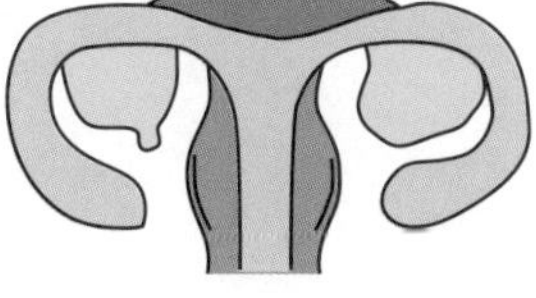

子宮

精巣《せいそう》：精子をつくる

子宮：たい児を育てる

心臓《しんぞう》のつくり

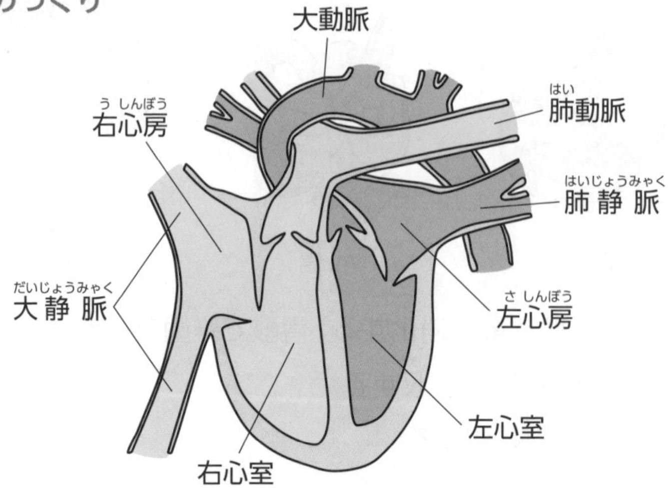

・心臓《しんぞう》から送り出された血液が流れるのが動脈，心臓《しんぞう》にもどる血液が流れるのが静脈《じょうみゃく》です。

・大動脈は心臓《しんぞう》から全身に向かう血管であり，大静脈《だいじょうみゃく》は全身から心臓《しんぞう》に向かう血管です。

・心臓《しんぞう》から肺《はい》に向かっている血管を肺《はい》動脈，肺《はい》から心臓《しんぞう》に向かっている血管を肺静脈《はいじょうみゃく》といいます。

・左心室から全身に血液が流れ，右心室から肺《はい》へ血液が流れます。全身から右《う》心房《しんぼう》に血液がもどり，肺《はい》から左《さ》心房《しんぼう》に血液がもどります。4つの部屋《へや》の中で最も筋肉《きんにく》が厚いのは，左心室です。

消化液と消化酵素《こうそ》

・だ液などの消化液の中に入っている，食べたものを他のものに変えるはたらきを持つ成分を消化酵素《こうそ》といいます。

・だ液に含《ふく》まれるアミラーゼという消化酵素《こうそ》のはたらきによ

り，でんぷんは麦芽糖《ばくがとう》という糖《とう》の一種に分解されます。その後，腸液《ちょうえき》によってブドウ糖《とう》になります。

・だ液によってでんぷんが分解されてできた麦芽糖《ばくがとう》が，人には甘《あま》く感じられます。

・小腸《しょうちょう》の内壁《ないへき》にはひだがあります。ひだには小さな突起《とっき》がたくさんあります。この突起《とっき》は柔毛《じゅうもう》とよばれ，柔毛《じゅうもう》があることにより，小腸《しょうちょう》の表面積が大きくなり，多くの養分と触《ふ》れることになり，養分が吸収《きゅうしゅう》されやすくなっています。

参考

消化液	消化酵素《こうそ》
だ液	アミラーゼ
胃液《いえき》	ペプシン
たん汁《じゅう》	消化酵素《こうそ》なし（ただし，脂肪《しぼう》の消化を「助ける」はたらきを持つ）
すい液	アミラーゼ，トリプシン，リパーゼなど
腸液《ちょうえき》	マルターゼ，ペプチダーゼなど

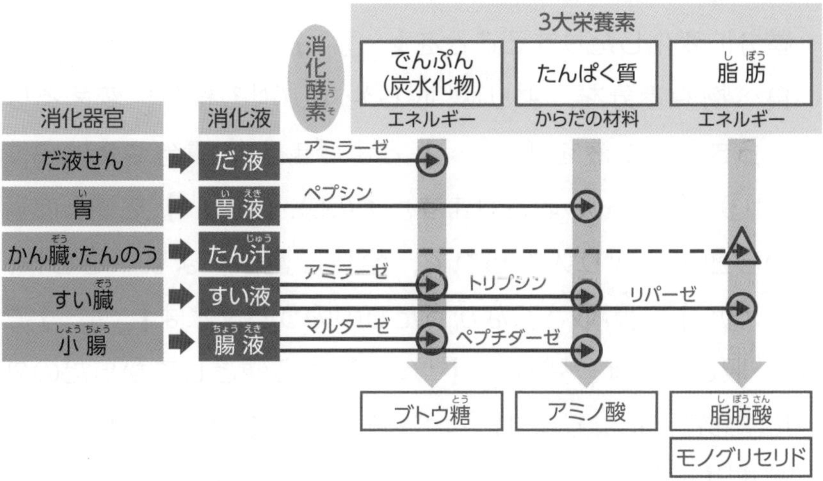

確《かく》認《にん》問題

解答 30ページ

1. 食べ物の養分

1 次の空らんに入る言葉を答えましょう。

米をしっかりかむと甘《あま》く感じることがあります。これは，米に含《ふく》まれている【 ① 】が，【 ② 】液によって別のものに変化し，それが人にとっては甘《あま》く感じることが理由です。

【 ① 】に【 ③ 】液をかけると【 ① 】は【 ④ 】色に変わります。実際，米に【 ③ 】液をかけると米は【 ④ 】色に変わりますが，【 ② 】液を入れた米に【 ③ 】液をかけても米の色は変化しません。

〔① ② 〕
〔③ ④ 〕

2 次の空らんに入る言葉を答えましょう。

食べ物が，歯で細かくなったり，からだに吸収《きゅうしゅう》されやすい養分に変化したりすることを【 ① 】といいます。

食べ物や養分を，より吸収《きゅうしゅう》しやすい別の養分に変えるはたらきを持つ液を【 ② 】とよびます。 養分や水は主に【 ③ 】から吸収《きゅうしゅう》されます。その際，【 ③ 】を通る血管から血液に取り入れられて，全身に運ばれます。さらに，【 ③ 】で吸収《きゅうしゅう》されなかったもののうち，水は【 ④ 】で吸収《きゅうしゅう》されます。残りは，【 ⑤ 】から便としてからだの外に出ることになります。食べ物の通り道を【 ⑥ 】とよびます。【 ⑥ 】は口から始まり【 ⑤ 】で終わります。

【　③　】のかべには細かいひだがあります。さらにひだには「柔毛《じゅうもう》」とよばれる小さなでっぱりがあり，養分や水分と触《ふ》れる面積が大きくなっており，効率よく養分や水が吸収《きゅうしゅう》されます。

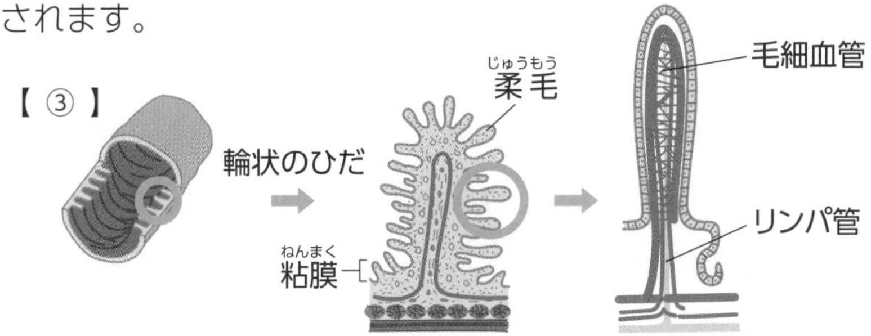

〔①　　　　　②　　　　　③　　　　　〕

〔④　　　　　⑤　　　　　⑥　　　　　〕

3 下の図の①～⑦の名称《めいしょう》を答えましょう。

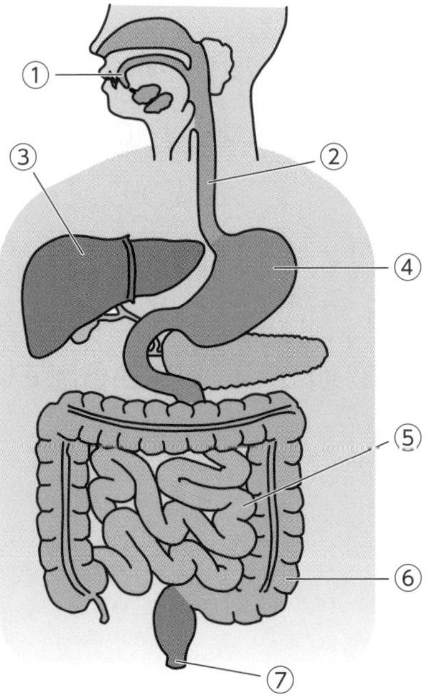

〔①　　　　　〕

〔②　　　　　〕

〔③　　　　　〕

〔④　　　　　〕

〔⑤　　　　　〕

〔⑥　　　　　〕

〔⑦　　　　　〕

2. 呼吸《こきゅう》

次の空らんに入る言葉を答えましょう。

人は空気中の【　①　】を取り入れ,【　②　】を出しています。このことを【　③　】といいます。

はき出した空気にも【　①　】は残っているので,【　③　】で【　①　】がすべて使われるわけではありませんが，人がはき出した空気では,まわりの空気より【　①　】は少なくなり,【　②　】は増えています。

【①　　　　　　　　　　　】

【②　　　　　　　　　　　】

【③　　　　　　　　　　　】

3. 肺《はい》と血液

次の空らんに入る言葉を答えましょう。

人が息を吸《す》うと，口や鼻からからだの中に空気が入ります。その空気は,【　①　】を通って【　②　】に入ります。【　②　】には血管が通っています。その血管から,【　③　】の一部が血液に取り入れられます。また,血管から,【　④　】が出されます。そして，からだの中の空気は【　④　】を多く含《ふく》み，その空気は【　①　】を通って口や鼻から出ていきます。

人が肺《はい》で取り入れた酸素や，小腸《しょうちょう》で吸収《きゅうしゅう》した養分は，血液により，全身に運ばれます。【　⑤　】のはたらきによって血液は全身に送られます。

〔①　　　　　　　　②　　　　　　　　〕
〔③　　　　　　　　④　　　　　　　　〕
〔⑤　　　　　　　　　　　　　　　　　〕

4. 尿《にょう》

次の空らんに入る言葉を答えましょう。

血液は，体内でできた不要なものを【　①　】に運びます。【　①　】では不要なものが水とともにこし出されます。それは尿《にょう》となって【　②　】にしばらくためられることになります。

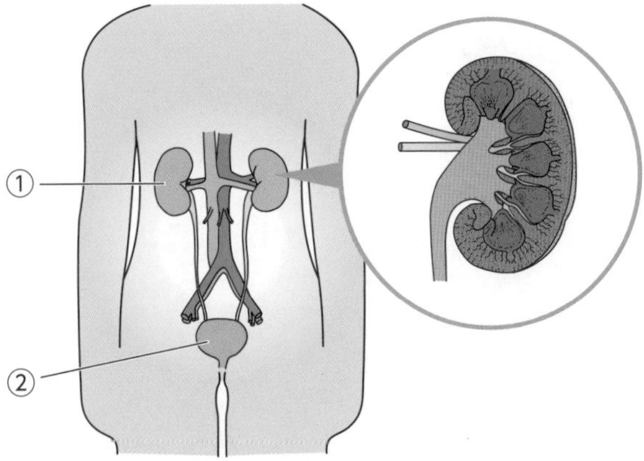

〔①　　　　　　　　②　　　　　　　　〕

解 答

問題 26ページ

1. 食べ物の養分

1 ①でんぷん　②だ　③ヨウ素　④青むらさき

2 ①消化　②消化液　③小腸《しょうちょう》　④大腸《だいちょう》　⑤こう門　⑥消化管

3 ①口　②食道　③かん臓《ぞう》　④胃《い》　⑤小腸《しょうちょう》　⑥大腸《だいちょう》　⑦こう門

2. 呼吸《こきゅう》

①酸素　②二酸化炭素　③呼吸《こきゅう》

3. 肺《はい》と血液

①気管　②肺《はい》　③酸素　④二酸化炭素　⑤心臓《しんぞう》

4. 尿《にょう》

①じん臓《ぞう》　②ぼうこう

気がついたことを書きとめよう

第3章 植物のからだとはたらき

1 植物と水

植物が生きていくためには水が必要ですが，水はどのように運ばれるのでしょうか。

植物には根からくき，くきから葉へと続く水の通り道があり，水はこの通り道を通って根からからだ全体に行きわたります。

植物を色水につけて，しばらく時間がたった後，根，くき，葉を切ることにより，この通り道がどこにあるかを知ることができます。

ホウセンカ

葉

くき

根

根で取り入れて植物のからだに運ばれた水はその後どのようになるのでしょうか。

植物のからだに運ばれた水の多くは，葉にある気孔《きこう》という小さな穴《あな》から水蒸気《すいじょうき》となって出ていきます。この現象を蒸散《じょうさん》とよびます。

葉がついたホウセンカに袋《ふくろ》をかぶせると袋《ふくろ》の内側には水滴《すいてき》がつきます。しかし，葉を取ったホウセンカに袋《ふくろ》をかぶせても，気孔《きこう》がなく蒸散《じょうさん》ができないので，袋《ふくろ》の内側に水滴《すいてき》はつきません。

参考

葉の表皮を顕微鏡《けんびきょう》で見ると，閉《と》じている気孔《きこう》と開いている気孔《きこう》が観察できます。

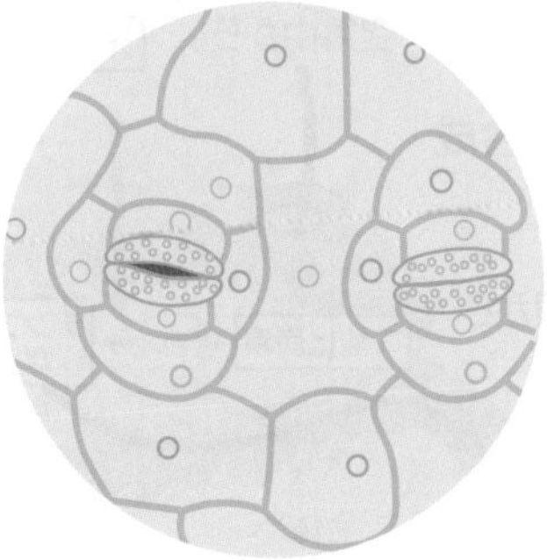

2 植物と空気

空気の成分は，窒素《ちっそ》，酸素，二酸化炭素などでした。

動物は酸素を取り入れて，二酸化炭素を出していました。

ものが燃えるときは，多くの場合，酸素を使って二酸化炭素を出していました。

では，植物はどのように空気と関わっているのでしょうか。

多くの植物は，葉に日光が当たっているときには，空気中の二酸化炭素を取り入れ，酸素を出します。これを光合成とよびます。

ホウセンカに袋《ふくろ》をかぶせます。ただし，外の空気に触《ふ》れられるように小さな穴《あな》を開けておきます。その袋《ふくろ》に，ストローで息を吹《ふ》き込《こ》みます。人間の息には（まわりの空気より）二酸化炭素が多く含《ふく》まれていますから，日光に当たっているときの植物はその二酸化炭素を取り入れて酸素を出します。実際に気体検知管で調べると，袋《ふくろ》内の酸素は，息を吹《ふ》き込《こ》む前より増えていることがわかります。

参考

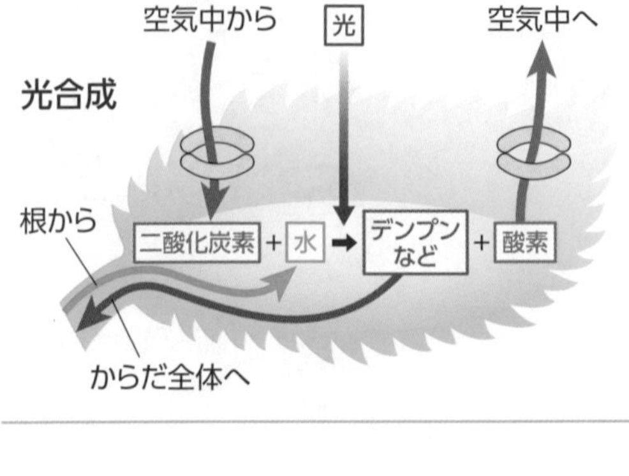

光合成とは別に，植物は「酸素を取り入れ，二酸化炭素を出す」という呼吸《こきゅう》も行っています。日光が当たっているときには光合成と呼吸《こきゅう》を両方行い，日光が当たっていないときには呼吸《こきゅう》のみを行っています。

3 植物と養分

でんぷんは発芽だけでなく，その後の成長にも使われています。

それでは，でんぷんはどのようにつくられているのでしょうか。

でんぷんがあるかないかを調べるのには，ヨウ素液を使いました。

日光を当てた葉と日光を当てない葉の両方をヨウ素液にひたします。このとき，日光を当てた葉は青むらさき色に変化しますが，日光を当てない葉は色が変化しません。このことから，でんぷんをつくるには日光が必要なことがわかります。

葉にできたでんぷんは，「水に溶《と》けやすいもの」に変化してからだに運ばれます。その後，養分として使われたり，再びでんぷんにもどって種子にたくわえられたりします。

参考

でんぷんは米，いも，トウモロコシなどに多く含《ふく》まれています。

参考

葉をそのままヨウ素液にひたしても，葉の色が濃《こ》いときにはヨウ素液による色の変化がわかりません。そのため，ヨウ素液にひたす前に
①エタノールで葉の色をぬく
②たたき染《ぞ》めで，ろ紙に葉の成分を移す
のいずれかの方法を取ります。

①エタノールで調べる方法

葉を湯につけてやわらかくする。
あたためたエタノールに入れ，葉の緑色を溶《と》かし出す。
湯に入れて洗《あら》い，うすいヨウ素液にひたす。

②たたき染《ぞ》めで調べる方法

ろ紙を折り曲げて葉を挟《はさ》み，木づちなどで軽く叩《たた》く。
ろ紙を開いて，葉をはがす。
湯につけて洗《あら》い，うすいヨウ素液にひたす。

日光に当てなかった葉は，
色が変化しません。

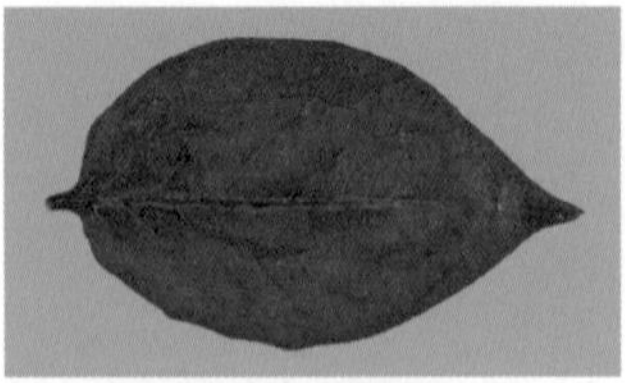

日光に当てた葉は，
青むらさき色に変化します。

発展事項《はってんじこう》 ― 余裕《よゆう》のある人向け

葉緑体とでんぷん

・葉の白い部分（「ふ」とよばれる）には光合成を行う葉緑体（葉の細胞《さいぼう》にある小さいつぶ）がなく，光合成を行いません。

・葉にできたでんぷんは，ショ糖《とう》（水に溶《と》けやすい）に変化して師管《しかん》を通ってからだに運ばれます。その後，養分として使われたり，再びでんぷんにもどって種子にたくわえられたりします。

・単子葉類《たんしようるい》とは，子葉《しよう》が１枚《まい》だけの植物で，双子葉類《そうしようるい》とは子葉《しよう》が２枚《まい》ある植物です。

くきのつくり

	単子葉類《たんしようるい》	双子葉類《そうしようるい》
くきの断面	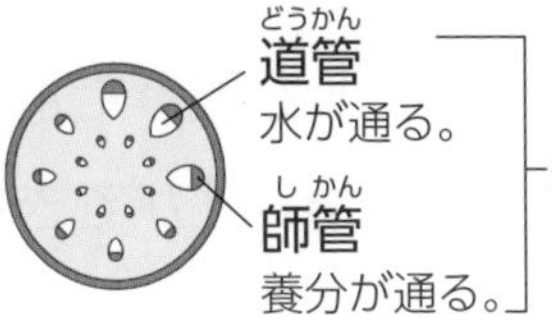 維管束《いかんそく》がばらばらになっている。	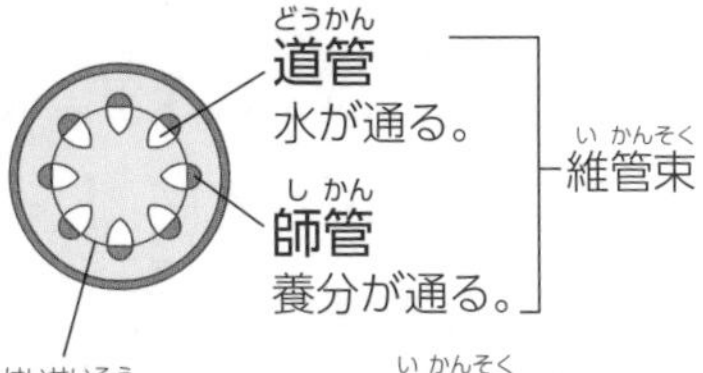 形成層《けいせいそう》 くきを太くする。 維管束《いかんそく》が輪状に並《なら》ぶ。

・道管《どうかん》は，根で吸《す》った水や水に溶《と》けた養分が通ります。師管《しかん》は，光合成でつくった養分が通ります。

・道管《どうかん》の方が内側にあります。「ウチノスイドウカン」という語《ご》呂《ろ》合わせだと覚えやすいです。

確《かく》認《にん》問題

解答 41ページ

1. 植物と水

次の空らんに入る言葉を答えましょう。

植物には根から【 ① 】,【 ① 】から【 ② 】へと続く水の通り道があり，水はこの通り道を通って根からからだ全体に行きわたります。植物のからだに運ばれた水の多くは,【 ② 】にある【 ③ 】という小さな穴《あな》から水蒸気《すいじょうき》となって出ていきます。この現象を【 ④ 】とよびます。

実際,【 ② 】がついたホウセンカに袋《ふくろ》をかぶせると袋《ふくろ》の内側には水滴《すいてき》がつきます。しかし,【 ② 】を取ったホウセンカに袋《ふくろ》をかぶせても,【 ③ 】がなく【 ④ 】ができないので，袋《ふくろ》の内側に水滴《すいてき》はつきません。

【① ② ③ ④ 】

2. 植物と空気

次の空らんに入る言葉を答えましょう。

多くの植物は，葉に【 ① 】が当たっているときには，空気中の【 ② 】を取り入れ,【 ③ 】を出します。これを【 ④ 】とよびます。

ホウセンカに袋《ふくろ》をかぶせます。ただし，外の空気に触《ふ》れられるように小さな穴《あな》を開けておきます。その袋《ふくろ》に，ストローで息を吹《ふ》き込《こ》みます。人間の息には（まわりの空気より）【 ⑤ 】が多く含《ふく》まれていますから,【 ① 】に当たっているときの植物はその【 ⑤ 】を取り入れて【 ⑥ 】を出します。実際に気体検知管で調べると，袋《ふくろ》内の【 ⑥ 】は，息を吹《ふ》き込《こ》む前より増えていることがわかります。

なお,【 ④ 】とは別に，植物は【 ⑦ 】を取り入れ,【 ⑧ 】を出すという【 ⑨ 】も行っています。

〔① ②〕
〔③ ④〕
〔⑤ ⑥〕
〔⑦ ⑧〕
〔⑨ 〕

3. 植物と養分

次の空らんに入る言葉を答えましょう。

でんぷんは植物の発芽だけでなく，その後の成長にも使われています。でんぷんがあるかないかを調べるのには【　①　】液を使います。日光を当てた葉と日光を当てない葉の両方を【　①　】液にひたします。このとき，日光を当てた葉は【　②　】色に変化してでんぷんがつくられたことがわかりますが，日光を当てない葉は色が変化しません。

〔①　　　　　　　　　　②　　　　　　　　　　〕

解 答

問題 38ページ

1. 植物と水

①くき　②葉　③気孔《きこう》　④蒸散《じょうさん》

2. 植物と空気

①日光（光）　②二酸化炭素　③酸素　④光合成　⑤二酸化炭素　⑥酸素
⑦酸素　⑧二酸化炭素　⑨呼吸《こきゅう》

3. 植物と養分

①ヨウ素　②青むらさき

解説 葉にアルミを巻《ま》き，日光に当たらない部分をつくります。すると，アルミを巻《ま》いた部分は，ヨウ素液にひたしても青むらさき色にはなりません。このことから，でんぷんをつくるには日光が必要なことがわかります。葉にできたでんぷんは，「水に溶《と》けやすいもの」に変化してからだに運ばれます。その後，養分として使われたり，再びでんぷんにもどって種子にたくわえられたりします。

第４章　生き物とまわりの環境《かんきょう》

1　食物連鎖《しょくもつれんさ》

生物どうしがどのように関係しているのかを考えてみましょう。

人は牛肉（ウシの肉）を食べることがあります。多くのウシは牧草を食べます。

すなわち，人はウシを通して間接的に牧草を食べているともいえます。

また，牧草は光合成を行い，でんぷんという養分をつくっています。

ここまでのことをまとめてみましょう。

人は，植物を直接食べることもありますが，他の動物を通して間接的に植物を食べているともいえます。そして，食べているものをたどっていくと，光合成をして自分で養分をつくる植物にたどりつきます。

このように「食べる」「食べられる」の関係を食物連鎖《しょくもつれんさ》とよびます。

メダカは小さいですが，池や川にはさらに小さな生物がいます。それらは顕微鏡《けんびきょう》を用いることで観察できます。

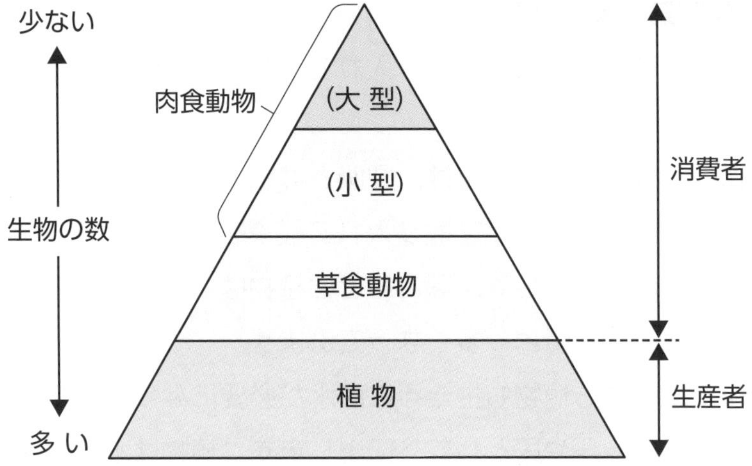

池や川にいる小さな生物

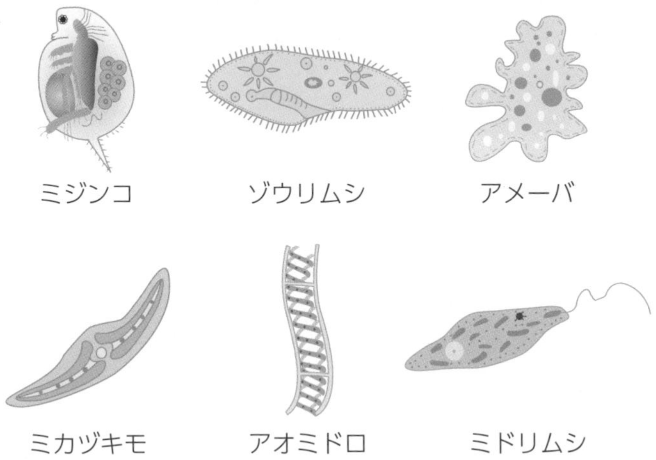

参 考

・アメリカザリガニのように，その地域《ちいき》にもとはいなかった種類の生物が人の活動で運ばれてすみつくことがあります。このような生物を外来種とよびます。

・外来種によって，その地域《ちいき》にもとからいる生物が食べられたり，すむ場所がなくなったりすることもあります。

2 空気・水と生物

動物も植物も，酸素を取り入れて二酸化炭素を出すという呼《こ》吸《きゅう》を行っています。

また，ほとんどの植物は，呼吸《こきゅう》とは別に，日光に当たっているときには二酸化炭素を取り入れて酸素を出すという光合成を行います。結果として，ほとんどの植物は，出す酸素の量が取り入れる酸素の量より多くなっています。

また，動物も植物も生きるには水が必要になります。動物は水を飲んで，汗《あせ》や尿《にょう》として外に出します。植物は水を根から吸《きゅう》収《しゅう》して，蒸散《じょうさん》によって外に出します。

参考

人の重さのうち，約60%が水による重さです。

発《はっ》展《てん》事《じ》項《こう》 ― 余《よ》裕《ゆう》のある人向け

食物連鎖《しょくもつれんさ》と生産者

・人がウシを食べ，ウシが牧草を食べるように，食物連鎖《しょくもつれんさ》は光合成を行う植物にいきつく，といえます。光合成を行う植物は自身で養分をつくり出すことから「生産者」とよばれます。

・食物連鎖《しょくもつれんさ》は陸上だけでなく，海中にもあります。

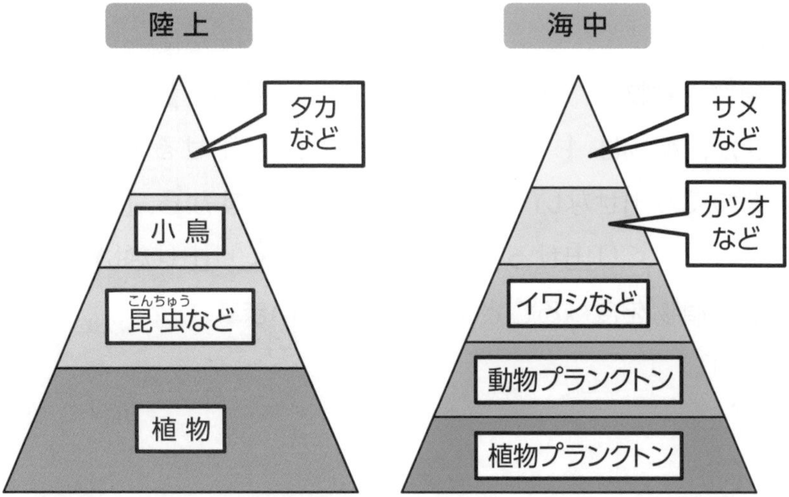

確《かく》認《にん》問題

解答 49ページ

1. 食べる，食べられるの関係

1 次の空らんに入る言葉を答えましょう。選択肢《せんたくし》が示されている場合は，適切な方の言葉を選びましょう。

人は牛肉（ウシの肉）を食べることがあります。多くのウシは牧草を食べます。すなわち，人はウシを通して間接的に牧草を食べているともいえます。

このような「食べる，食べられる」の関係を【　①　】といいます。

植物は動物【　②を食べる・に食べられる　】ことが多いですが，植物は【　③自分で養分をつくり出せる・自分で養分をつくり出せない　】ものがほとんどですから，【　④自分で養分をつくり出せる・自分で養分をつくり出せない　】動物は，植物を食べることにより生きています。

〔①　　　　　　　　　　　　　　　　　　　　〕
〔②　　　　　　　　　　　　　　　　　　　　〕
〔③　　　　　　　　　　　　　　　　　　　　〕
〔④　　　　　　　　　　　　　　　　　　　　〕

2 下の図の生物名を答えましょう。

①

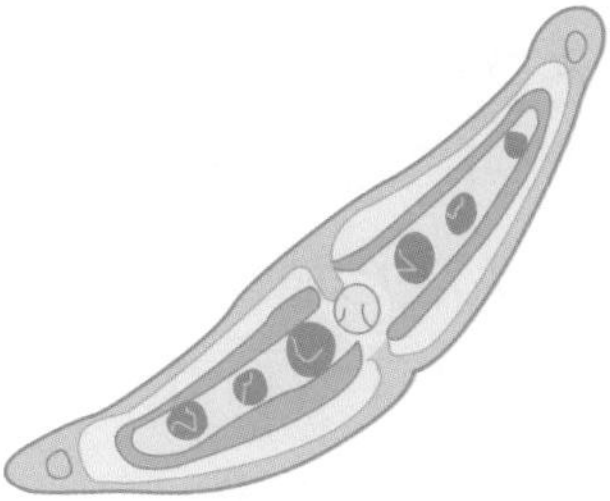

②

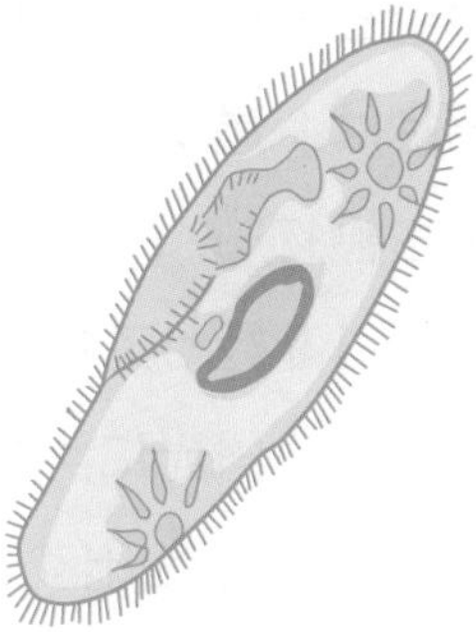

③

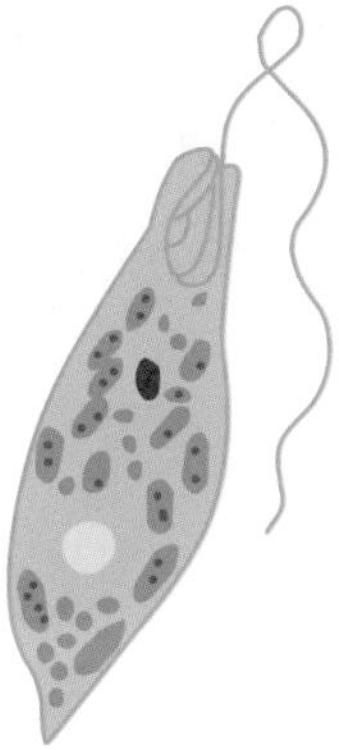

〔①　　　　　　　　　　　　〕

〔②　　　　　　　　　　　　〕

〔③　　　　　　　　　　　　〕

3 次の空らんに入る言葉を答えましょう。

アメリカザリガニのように，その地域《ちいき》にもとはいなかった種類の生物が人の活動で運ばれてすみつくことがあります。このような生物を【　　　　】種とよびます。

〔　　　　　　　　　　　　〕

2. 空気・水と生物

次の空らんに入る言葉を答えましょう。選択肢《せんたくし》が示されている場合は，適切なものを選びましょう。

動物も植物も,【　①　】を取り入れて【　②　】を出すという【　③　】を行っています。また, ほとんどの植物は,【　③　】とは別に，日光に当たっているときには【　④　】を取り入れて【　⑤　】を出すという【　⑥　】を行います。
また，動物も植物も生きるには水が必要になります。動物は水を飲んで, 汗《あせ》や尿《にょう》として外に出します。植物は水を【　⑦　】から吸収《きゅうしゅう》して，葉から【　⑧　】によって外に出します。人の重さのうち，約【　⑨ 30・60・90　】%が水による重さです。

〔①　　　　　　②　　　　　　〕
〔③　　　　　　④　　　　　　〕
〔⑤　　　　　　⑥　　　　　　〕
〔⑦　　　　　　⑧　　　　　　〕
〔⑨　　　　　　　　　　　　　〕

解答

問題 46ページ

1．食べる，食べられるの関係

1 ①食物連鎖《しょくもつれんさ》　②に食べられる

③自分で養分をつくり出せる　④自分で養分をつくり出せない

解説 ほとんどの植物は光合成により自分で養分をつくることができます。

2 ①ミカヅキモ　②ゾウリムシ　③ミドリムシ

解説 メダカは小さいですが，池や川にはさらに小さい生物がいます。そのような非常に小さい生物は，メダカや他の小さな魚に食べられることになります。

3 外来

2．空気・水と生物

①酸素　②二酸化炭素　③呼吸《こきゅう》　④二酸化炭素　⑤酸素

⑥光合成　⑦根　⑧蒸散《じょうさん》　⑨60

第5章　月の動きと太陽

1　月と太陽

月は日によって，満月として見えることもあれば三日月として見えることもあります。

その理由を考えてみましょう。

地球は太陽のまわりを１年かけて１周しています。これを公《こう》転《てん》といいます。また，公転《こうてん》とは別に，地球は１日で１回転します。これを自転《じてん》といいます。

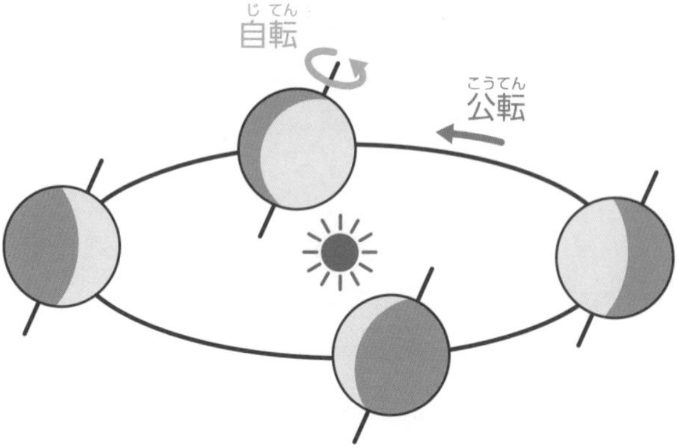

月は地球のまわりを約１か月かけて１周しています。

太陽も月も球形をしています。太陽は光を出していますが，月は光を出していません。地球から月が光って見えるのは，太陽の光が月に反射《はんしゃ》して，その光が人の目に入っているからです。

地上から見ると，月も太陽も東からのぼり，南の空を通って西にしずみます。

月の表面は，砂《すな》や岩でおおわれています。また，表面にはクレーターとよばれるくぼみがあります。

2 月の見え方

月が地球のまわりを約１か月かけて回ることから，一度見た月と同じ形の月が見えるまでには，約１か月かかります。

下の図において，太陽，地球の位置関係が②のときには三日月が見えます。

月に当たる太陽の光は一定だが，地球からの向き（見る向き）が変わることで，明るい部分と暗い部分の形が変化する。

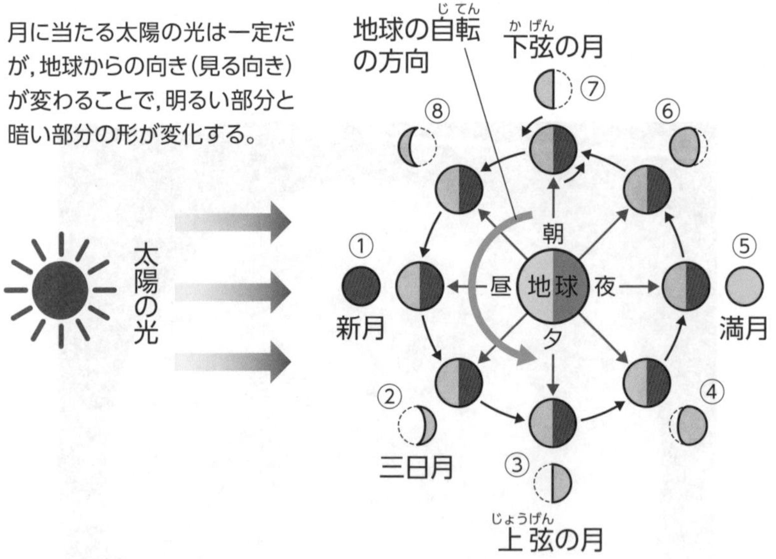

【②の見え方】

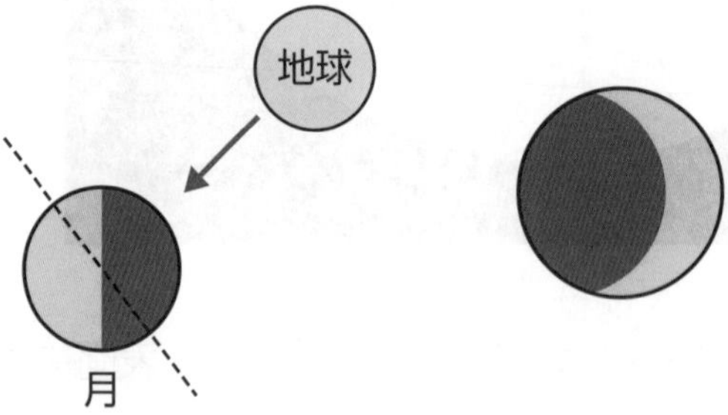

詳しく考えてみましょう。

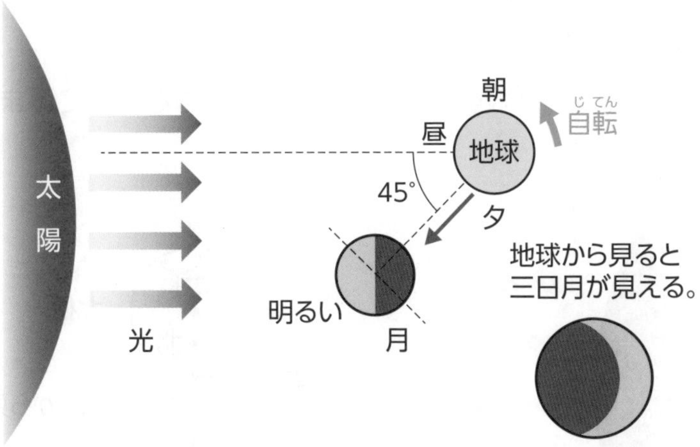

地球からは太陽光が当たっている面が見えます。

さて，地球は1年をかけて公転《こうてん》しています。地球の位置はどんどん変わっていきますが，約1か月後には地球からは同じような月が見えます。

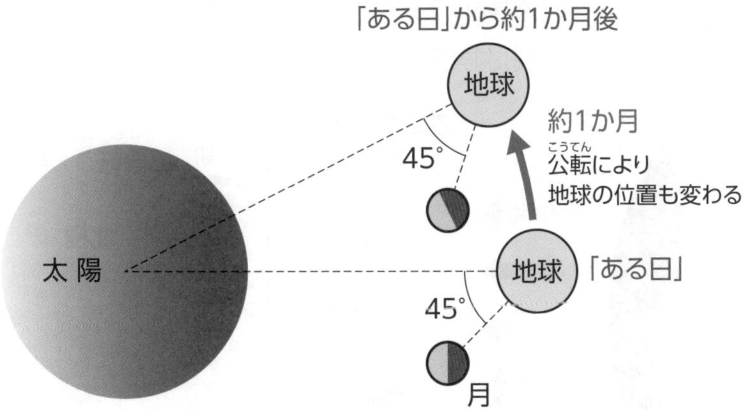

発《はっ》展《てん》事《じ》項《こう》 — 余《よ》裕《ゆう》のある人向け

月の見える時刻《じこく》

夕方，三日月は南西に見えます。その理由を考えてみましょう。

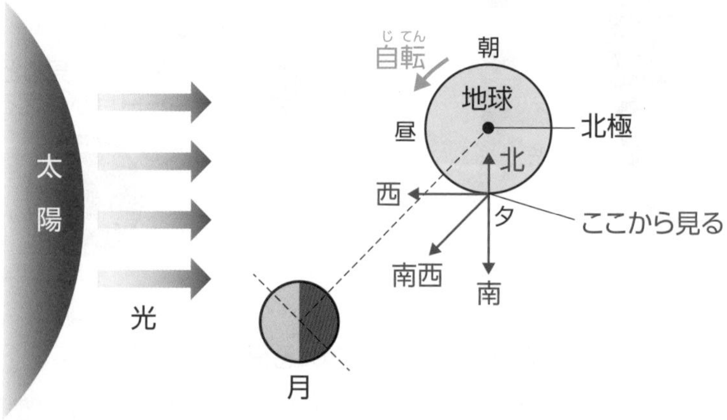

上の図のようになるので，夕方に三日月を見ると南西に見えます。

一方，昼には，太陽の光があるので月は見えませんが，下の図のように，三日月は南東の空に位置しています。

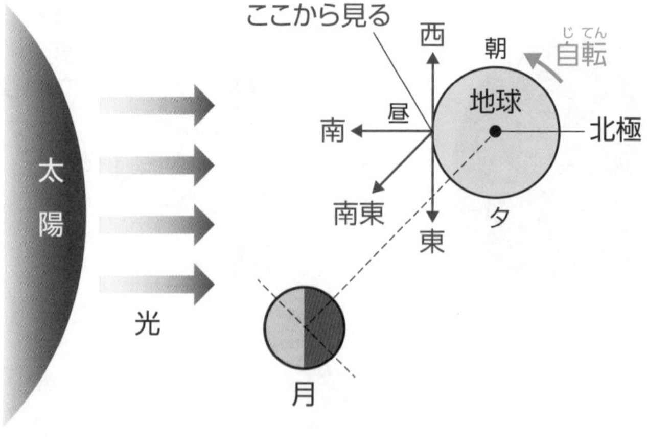

他の月についても考えてみましょう。

下弦《かげん》の月について調べます。

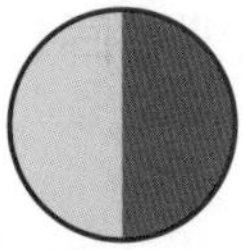

下弦《かげん》の月

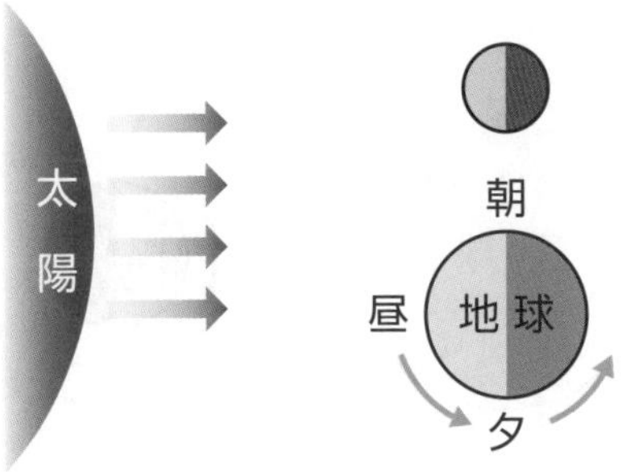

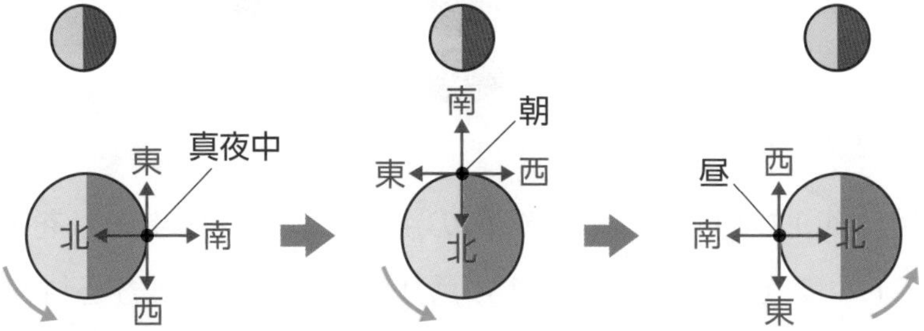

下弦《かげん》の月は真夜中に東からのぼり，朝に南中（南の空にのぼる）し，昼に西の空にしずみます。

なお，地球は24時間で1回転（360°），という自転《じてん》をするので，月は1時間で360°÷24＝15°ずつ移動しているように見えます。

月の自転《じてん》

月も自転《じてん》しています。ただし，月の自転《じてん》周期（何日で自転《じてん》するか）は月の公転《こうてん》周期と同じ時間になっています。

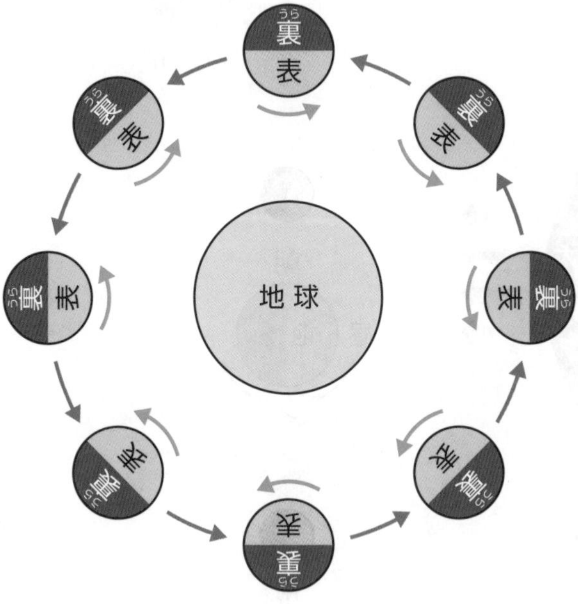

月は約1か月で公転《こうてん》（上の図のように，地球のまわりを1周する）しますが，自転《じてん》も約1か月かかるため，地球からは常に同じ面しか見えません。

地軸《ちじく》と季節

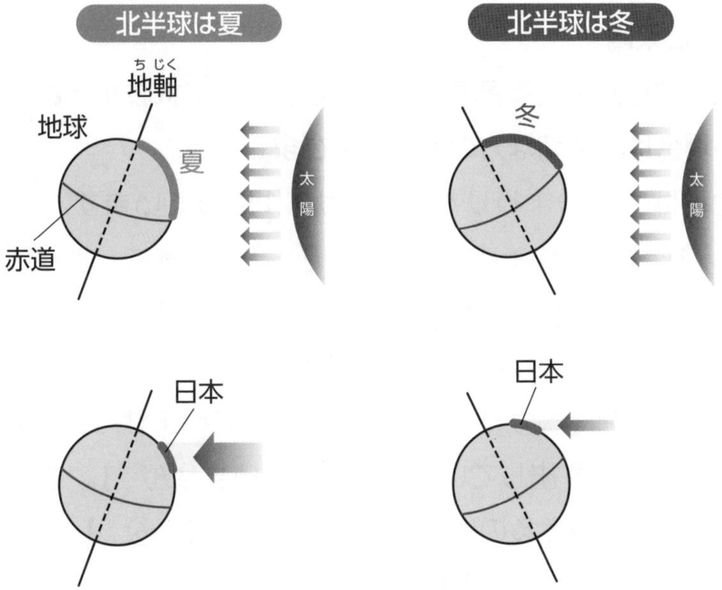

太陽の光が変わらなくても，同じ面積あたりに受ける光の量が変わるので，あたたかさが変わり，季節ができます。

確《かく》認《にん》問題

解答 61ページ

1. 月と太陽

次の空らんに入る言葉を答えましょう。選択肢《せんたくし》が示されている場合は，適切な方の言葉を選びましょう。

地球は太陽のまわりを1年かけて1周しています。これを【　①　】といいます。また，【　①　】とは別に，地球は1日で1回転します。これを【　②　】といいます。

月は地球のまわりを約【　③　】か月かけて1周しています。

太陽は光を【　④出しています・出していません　】が，月は光を【　⑤出しています・出していません　】。地球から月が光って見えるのは，太陽の光が月に【　⑥　】して，その光が人の目に入っているからです。

太陽も月も【　⑦　】形をしています。月の表面は砂《すな》や岩でおおわれています。また，表面には【　⑧　】とよばれるくぼみがあります。

〔①　　　　　②　　　　　〕
〔③　　　　　④　　　　　〕
〔⑤　　　　　⑥　　　　　〕
〔⑦　　　　　⑧　　　　　〕

2. 月の形

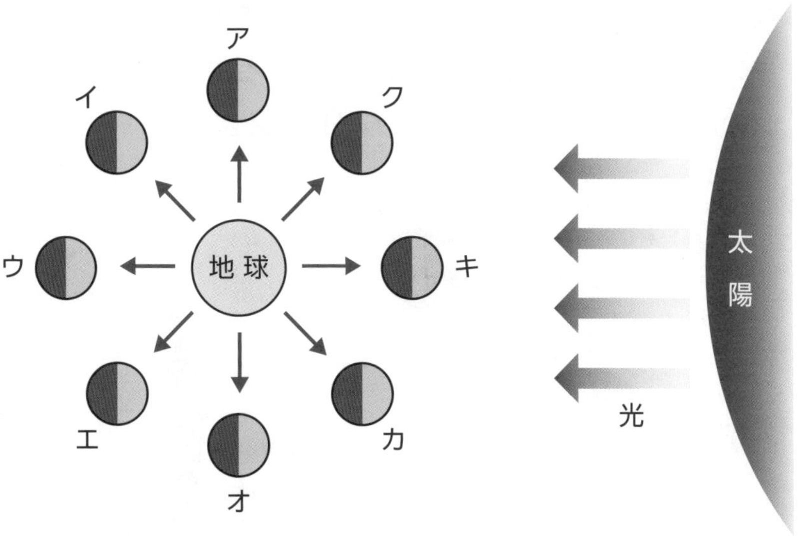

1 ア～クについて，それぞれに向かう矢印の方向に見るときの月の形を下の丸の中にかきましょう。

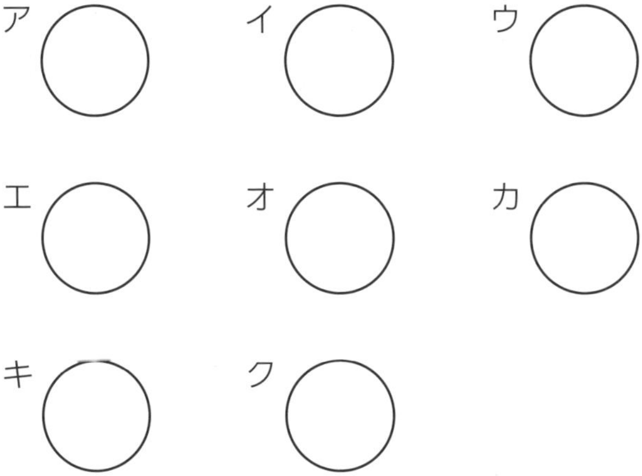

2 次の空らんに入る言葉を答えましょう。

前ページの図で，アの形は【　①　】，ウの形は【　②　】，キの状態は【　③　】，クの形は【　④　】とよばれます。また，クの形は夕方には【　⑤　】の方角に見えます。

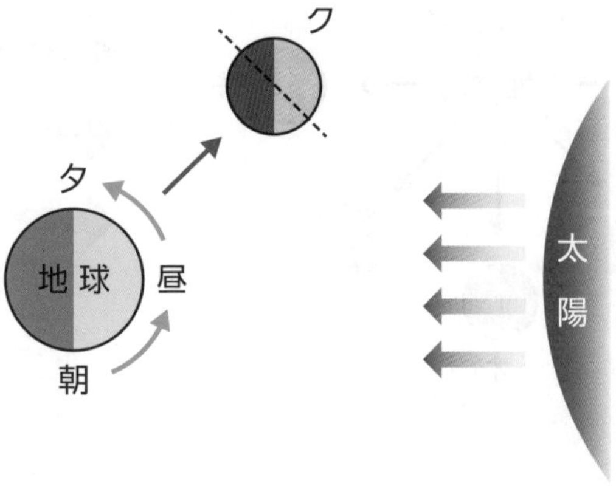

〔①　　　　　　　　②　　　　　　　　〕
〔③　　　　　　　　④　　　　　　　　〕
〔⑤　　　　　　　　　　　　　　　　　〕

解答

問題 58ページ

1. 月と太陽

①公転《こうてん》　②自転《じてん》　③1　④出しています　⑤出していません

⑥反射《はんしゃ》　⑦球　⑧クレーター

2. 月の形

1

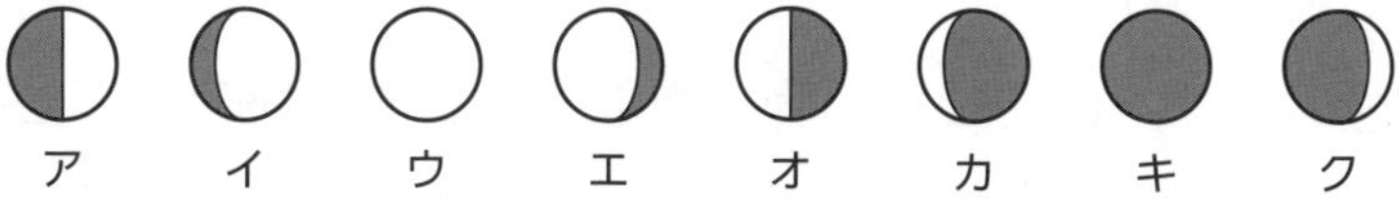

※白い方が光っている部分，黒い方が影《かげ》になっている部分を表しています。

解説

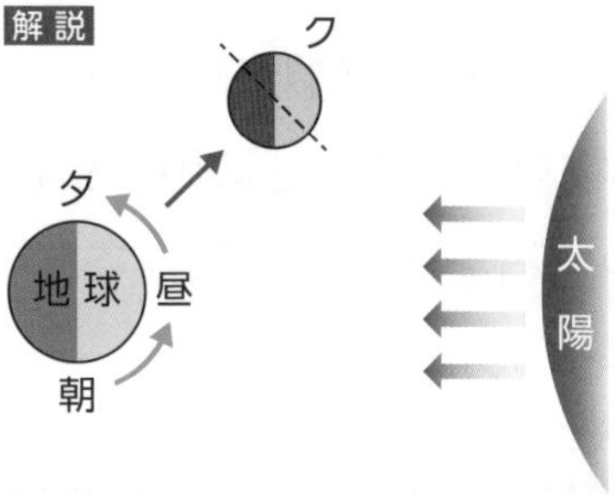

クについては，左半分はまったく見えず，右半分のさらに一部のみが見えます。

2 ①半月（上弦《じょうげん》の月）　②満月　③新月　④三日月　⑤南西

解説 ⑤

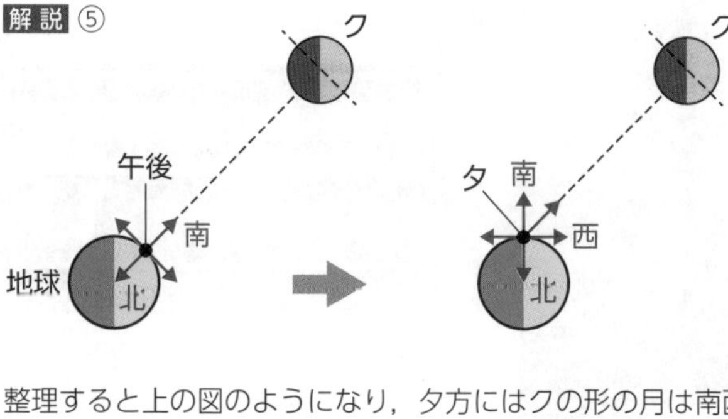

整理すると上の図のようになり，夕方にはクの形の月は南西方向に見えることがわかります。

第6章 大地のつくり

1 地層《ちそう》とその種類

ふだん生活している土地の地面の下は，どのようになっているのでしょうか。

地面の下が，いくつかの層《そう》が重なったしま模様《もよう》のようになっていることがあります。このような，層《そう》の重なりを地層《ちそう》といいます。

地層《ちそう》の様子を調べる方法として，ボーリング調査があります。ボーリング調査は，大規模《だいきぼ》な建築物を建てるときに用いられます。ボーリング調査は地下の土や岩石をほり取る調査であり，ほり取ったものをボーリング試料といいます。

ボーリング調査

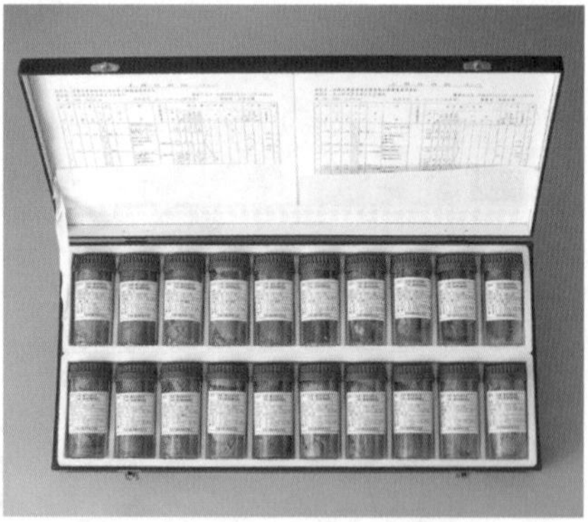

ボーリング試料

地層《ちそう》には，

・れき，砂《すな》，どろでできているもの（流れる水のはたらきでできたもの）

・火山灰《かざんばい》が積み重なったもの（火山のはたらきによってできたもの）

があります。

れき，砂《すな》，どろはつぶの大きさで区別され，大きいものから順にれき，砂《すな》，どろとなります。つぶの大きさが2mm以上のものを「れき」とよびます。

れきの層《そう》

愛知県半田《はんだ》市で見られる地層《ちそう》

砂《すな》の層《そう》

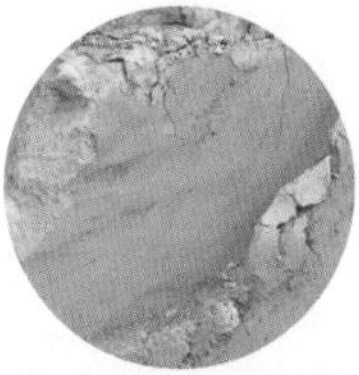

粘土《ねんど》（どろ）の層《そう》

鹿児島県霧島《きりしま》市の火山灰《かざんばい》の地層《ちそう》

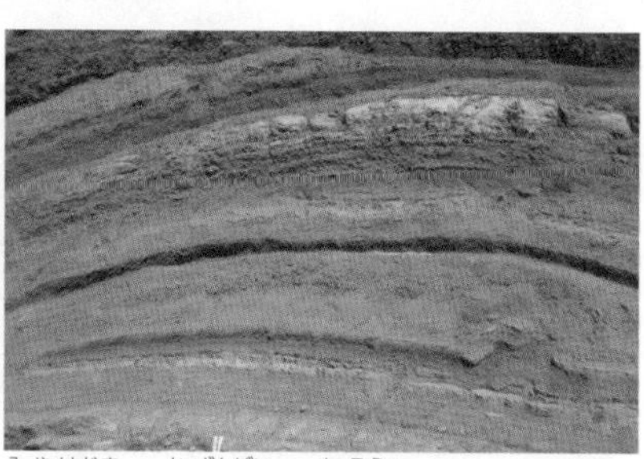

三宅島《みやけじま》の火山灰《かざんばい》の地層《ちそう》

また，火山灰《かざんばい》は，火山の噴火《ふんか》によってふき出たものです。

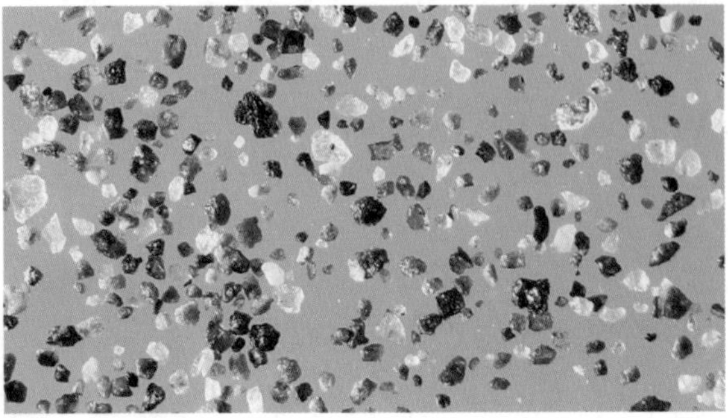

2011年1月に噴火《ふんか》した，宮崎県の新燃《しんもえ》岳《だけ》で採取された火山《かざん》灰《ばい》（倍率10倍）

地層《ちそう》には大昔の生物のからだが含《ふく》まれていることもあり，大昔の生物のからだは「化石」とよばれます。

化石のでき方

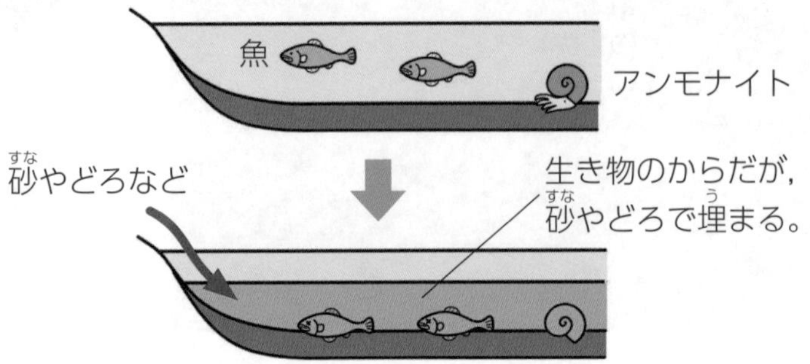

アンモナイトの化石

2 れき, 砂《すな》, どろがもとになった岩石

地層《ちそう》の中のれき，砂《すな》，どろが，その上に堆積《たいせき》したものの重みにより，長い年月をかけて固まって岩石になることがあります。

れき岩：れきが固まったもの。固まるときには砂《すな》なども混ざる。れき岩のれきは，丸みを帯びていることが多い。

れき岩

砂《さ》　岩《がん》：砂《すな》が固まってできたもの。同じくらいの大きさのつぶでできていることが多い。

砂《さ》岩《がん》

でい岩：どろなどの細かいつぶが固まったもの。でい岩をけずると粉のようになる。

でい岩

3 地層《ちそう》のでき方

流れる水のはたらきによって運搬《うんぱん》されたれき，砂《すな》，どろは，つぶの大きさによりはっきり分離《ぶんり》され（分かれて）水底に堆積《たいせき》します。このような堆積《たいせき》がくり返されて，れき，砂《すな》，どろからできている地層《ちそう》がつくられます。

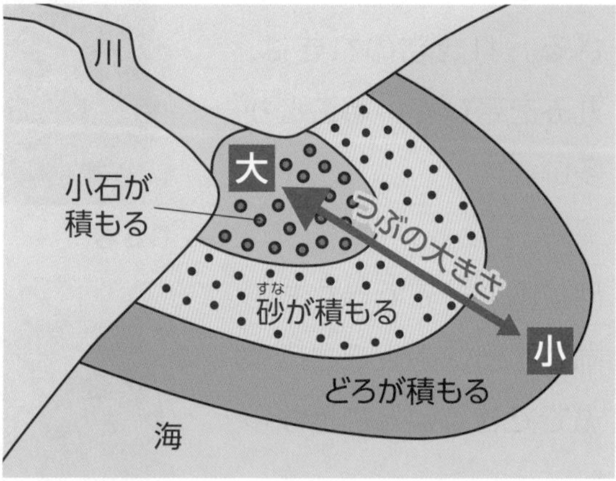

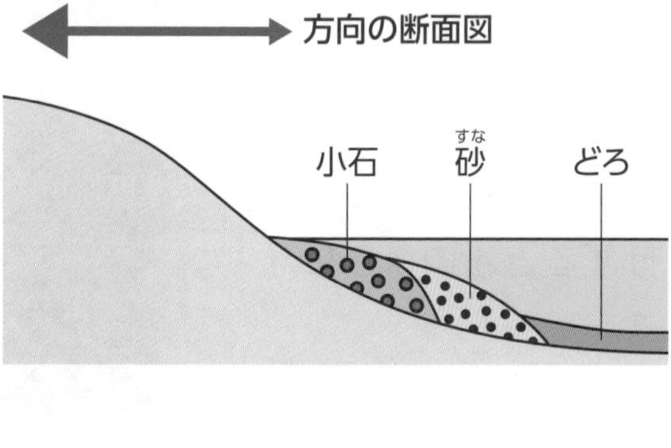

参考

河口付近では，重いものからしずんでいくので，れきが最初にしずみます。また，火山灰《かざんばい》は，流れる水がなくても降《ふ》り積もり，それが地層《ちそう》となります。火山《かざん》灰《ばい》のつぶは角ばったものが多く，中には透明《とうめい》なものもあります。

発《はっ》展《てん》事《じ》項《こう》 ― 余《よ》裕《ゆう》のある人向け

・同じ時代のれき，砂《すな》，どろからなる地層《ちそう》では，多くの場合，どろのように軽いものがいちばん上にあります。

・千葉県市原《いちはら》市には約77万～12万6千年前の時代についてよくわかる地層《ちそう》があり，その時代は「チバニアン（千葉時代）」とよばれています。

確《かく》認《にん》問題

解答 72ページ

1. 地層《ちそう》とその種類

1 次の空らんに入る言葉を答えましょう。

地面の下が，いくつかの層《そう》が重なったしま模様《もよう》のようになっていることがあります。このような，層《そう》の重なりを【 ① 】といいます。【 ① 】の様子を調べる方法として，【 ② 】調査があり，この調査では地下の土や岩石をほり取りますが，ほり取ったものを【 ③ 】といいます。

【① 】

【② 】

【③ 】

2 次の空らんに入る言葉を答えましょう。選択肢《せんたくし》が示されている場合は，適切な方の言葉を選びましょう。

地層《ちそう》には，【 ① 】，【 ② 】，【 ③ 】でできているもの（【 ④ 流れる水・火山 】のはたらきでできたもの）と，火《か》山灰《ざんばい》が積み重なったもの（【 ⑤ 流れる水・火山 】のはたらきでできたもの）があります。【 ① 】，【 ② 】，【 ③ 】はつぶの大きさで区別され，大きいものから順に【 ① 】，【 ② 】，【 ③ 】となります。つぶの大きさが【 ⑥ 】mm以上のものを【 ① 】とよびます。

【① ② 】

【③ ④ 】

【⑤ ⑥ 】

3 次の空らんに入る言葉を答えましょう。選択肢《せんたくし》が示されている場合は，適切な方の言葉を選びましょう。

火山灰《かざんばい》は，火山の【　①　】によってふき出たものです。地《ち》層《そう》には大昔の生物のからだが含《ふく》まれていることもあり，大昔の生物のからだは【　②　】とよばれます。

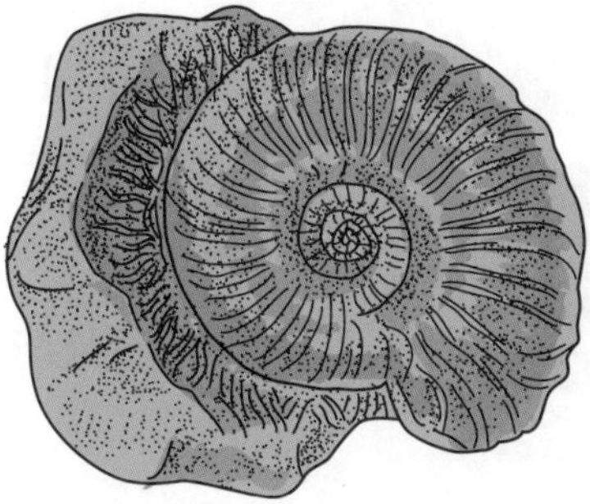

上の図は【　③　】という生物の【　②　】です。【　③　】は【　④高い山・海　】にすんでいた大昔の生物ですので，【　③　】の【　②　】が見つかった地層《ちそう》の周辺には昔【　④高い山・海　】があったことがわかります。

〔①　　　　　　　　②　　　　　　　　〕
〔③　　　　　　　　④　　　　　　　　〕

4 下の写真を見て，次の空らんに入る言葉を答えましょう。

【　①　】：【　②　】が固まってできたもの。同じくらいの大きさのつぶでできていることが多い。

【　③　】：【　④　】が固まったもの。固まるときには砂《すな》なども混ざる。【　③　】の【　④　】は丸みを帯びていることが多い。

【　⑤　】：【　⑥　】などの細かいつぶが固まったもの。【　⑤　】をけずると粉のようになる。

〔①　　　　②　　　　〕

〔③　　　　④　　　　〕

〔⑤　　　　⑥　　　　〕

2. 地層《ちそう》のでき方

次の空らんに入る言葉を答えましょう。選択肢《せんたくし》が示されている場合は，適切な方の言葉を選びましょう。

流れる水のはたらきによって【　①　】されたれき，砂《すな》，どろは，つぶの大きさによりはっきり分離《ぶんり》され（分かれて）水底に【　②　】します。このような【　②　】がくり返されて，れき，砂《すな》，どろからできている地層《ちそう》がつくられます。

また，火山灰《かざんばい》は，流れる水がなくても降《ふ》り積もり，それが地《ち》層《そう》となります。火山灰《かざんばい》のつぶは【　③ 角ばった・丸みを帯びた　】ものが多く，中には透明《とうめい》なものもあります。

〔①　　　　　　　　　　〕

〔②　　　　　　　　　　〕

〔③　　　　　　　　　　〕

解 答

問題 68ページ

1. 地層《ちそう》とその種類

1 ①地層《ちそう》　②ボーリング　③ボーリング試料

2 ①れき　②砂《すな》　③どろ　④流れる水　⑤火山　⑥2

3 ①噴火《ふんか》　②化石　③アンモナイト　④海

4 ①砂岩《さがん》　②砂《すな》　③れき岩　④れき　⑤でい岩　⑥どろ

2. 地層《ちそう》のでき方

①運搬《うんぱん》　②堆積《たいせき》　③角ばった

解 説

運搬《うんぱん》：土を運ぶはたらきや，土が運ばれることを運搬《うんぱん》といいます。

堆積《たいせき》：土を積もらせるはたらきや，土が積もることを堆積《たいせき》といいます。

気がついたことを書きとめよう

第7章 大地の変化

1 地震《じしん》

地震《じしん》によってどのように大地は変化するでしょうか。

地下で大きな力がはたらき，大地にずれが生じることで地震《じしん》が起きます。このずれを断層《だんそう》といいます。地震《じしん》が起きると山崩《やまくず》れや地割《じわ》れが生じることもあります。

地震《じしん》が海底の地下で起こったときには，津波《つなみ》が発生することもあります。

埼玉県長瀞《ながとろ》の断層《だんそう》

神奈川県城ヶ《じょうが》島《しま》の断層《だんそう》

地震《じしん》において使われる，マグニチュードと震度《しんど》という用語を知っておきましょう。

マグニチュードは地震《じしん》の規模《きぼ》を表します。震度《しんど》はある地点でのゆれの大きさを表します。

震度《しんど》は0～7に分けられ，さらに5と6は強と弱に分けられていて，0，1，2，3，4，5弱，5強，6弱，6強，7の10段《だん》階《かい》になっています。マグニチュードはそもそもの地震《じしん》の規模《きぼ》であり，上限はなく，マグニチュード8ということもあります。

すなわち,「今回の地震《じしん》はマグニチュード4.7，○○地点での震度《しんど》は3，□□地点での震度《しんど》は2」のように表され，震度《しんど》は場所ごとに計測します。

震度《しんど》はかつては気象庁《きしょうちょう》の職員によって，体感で決められていました。現在では，全国各地にある計測震度計《しんどけい》により自動的に観測されています。

震度《しんど》は地面の硬《かた》さや地形によっても変わるので，近い場所でも震度《しんど》が異《こと》なるということはよくあります。

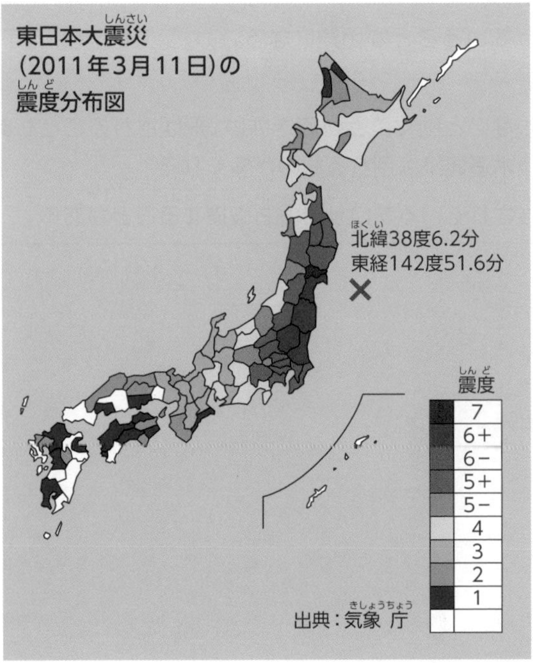

東日本大震災《しんさい》
(2011年3月11日)の
震度《しんど》分布図

参考

かつては人の体感で震《しん》度《ど》を決めていましたが，そのときの決め方（の一部）は以下のようになっていました。現在の，計測震《しん》度《ど》計《けい》による決め方も，かつての決め方と比べてあまり変わらないように（ただし，計測震《しん》度《ど》計《けい》で自動的にはかる）定められました。

震《しん》度《ど》0　：地震《じしん》は起きているが，人はゆれを感じない

震《しん》度《ど》1　：屋内で静かにしていると，わずかにゆれを感じる人もいる

震《しん》度《ど》2　：屋内で静かにしている人の大半がゆれを感じる

震《しん》度《ど》3　：屋内にいる人のほとんどがゆれを感じる

震《しん》度《ど》4　：ほとんどの人は驚《おどろ》く。電灯などは大きくゆれ，置物が倒《たお》れることもある

震《しん》度《ど》5弱：大半の人が恐怖《きょうふ》を覚え，ものにつかまりたいと感じる。まれに窓《まど》ガラスが割《わ》れることがある

震《しん》度《ど》5強：ものにつかまらないと歩くことが難《むずか》しい。補強《ほきょう》されていないブロック塀《べい》が崩《くず》れることがある

震《しん》度《ど》6弱：立っていることが困難《こんなん》になる。窓《まど》ガラスが破損，落下することがある

震《しん》度《ど》6強：はわないと動くことができない。飛ばされることもある。耐震性《たいしんせい》の低い木造建築は倒《たお》れるものが多くなる

震《しん》度《ど》7　：補強《ほきょう》されているブロック塀《べい》も破損することがある

2 火山

火山が噴火《ふんか》すると，火口から火山灰《かざんばい》や溶岩《ようがん》がふき出されます。

火山の活動によって，

・土地が盛《も》り上がって山になる

・新たな島ができる

・湖ができる

といったことが起きることもあります。

1973年5月30日，小笠原諸島《おがさわらしょとう》の西之島《にしのしま》の東方600mで海底火山が噴火《ふんか》。

1973年9月11日には新しい島（西之島新島《にしのしましんとう》）が海面上に出現。
新島《しんとう》と西之島《にしのしま》の間に砂《すな》が堆積《たいせき》し，2つの島が合体した。

3 大地の活動と私《わたし》たちの暮《く》らし

都道府県・市・町・村などがつくったハザードマップで，住民が災害が起こりやすい場所を知ることにより，地震《じしん》や火山の噴火《ふんか》の際に避難《ひなん》する方向を決めることができます。

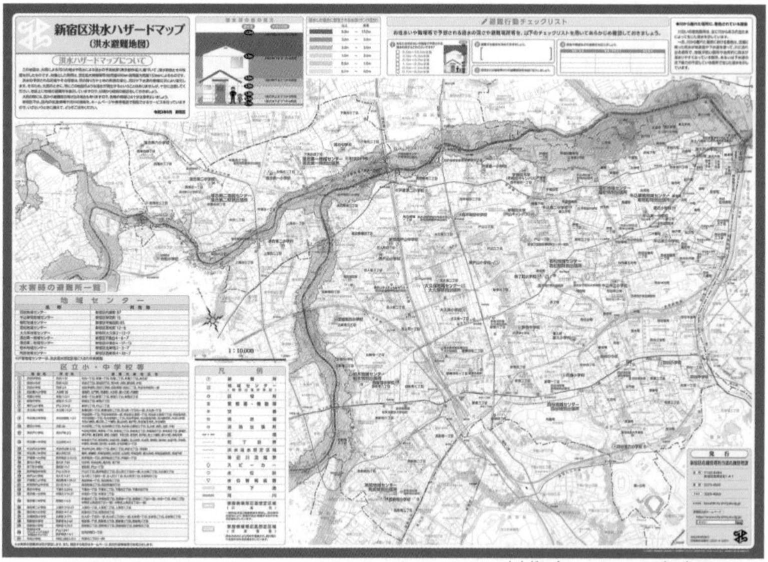

出典：新宿《しんじゅく》区総務部 危機《きき》管理課

北海道函館《はこだて》市に設置されている津波《つなみ》ハザードマップ

発《はっ》展《てん》事《じ》項《こう》 ── 余《よ》裕《ゆう》のある人向け

地震《じしん》のゆれ

・地震《じしん》が起こった場所は震源《しんげん》とよばれます。震源《しんげん》の真上の地表の点は震央《しんおう》とよばれます。

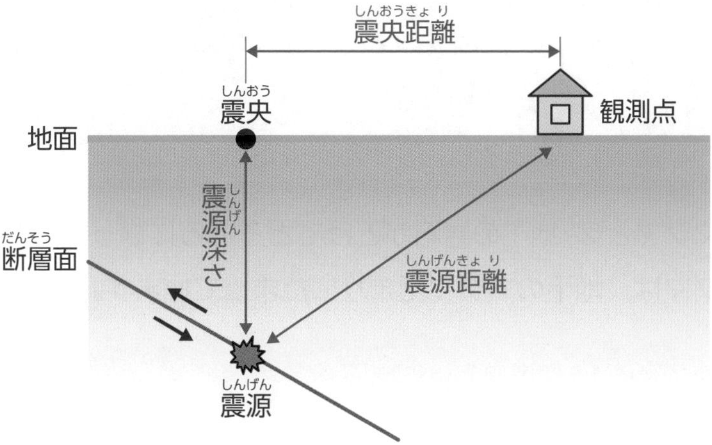

・地震《じしん》のゆれを伝える波にはＰ波とＳ波の２種類があります。Ｐ波の方が速いので，観測点には最初にＰ波が届《とど》いて，その後Ｓ波が届《とど》きます。

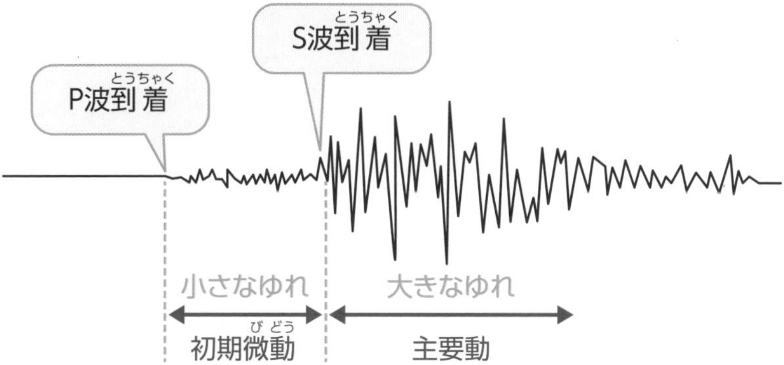

火山のでき方

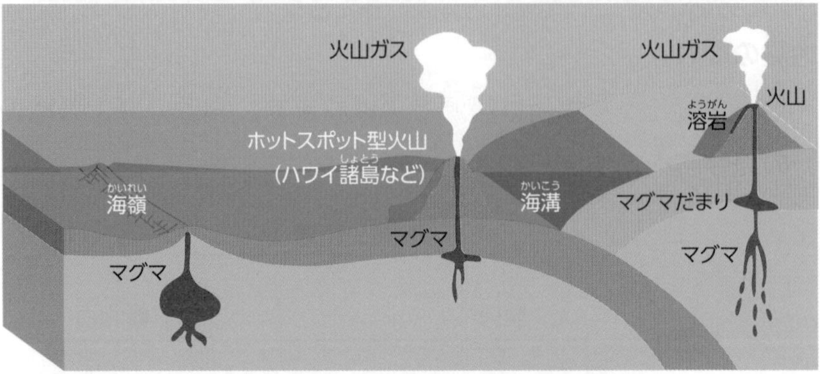

マグマとは，地下の岩石がとけてどろどろになったものです。マグマは，地下のマグマだまりにたまっています。

気がついたことを書きとめよう

確《かく》認《にん》問題

解答 84ページ

1. 地震《じしん》

次の空らんに入る言葉を答えましょう。

地下で大きな力がはたらき，大地にずれが生じることで地震《じしん》が起きます。このずれを【　①　】といいます。地震《じしん》が起きると，山崩《やまくず》れや地割《じわ》れが生じることもあります。

地震《じしん》が海底の地下で起こったときには,【　②　】が発生することもあります。地震《じしん》において,【　③　】は地震《じしん》の規模《きぼ》を表し,【　④　】はある地点でのゆれの大きさを表します。【　④　】は0～7に分けられ，さらに5と6は強と弱に分けられていて，計10段階《だんかい》になっています。【　③　】はそもそもの地震《じしん》の規模《きぼ》であり，上限はなく,【　③　】8ということもあります。すなわち,「今回の地震《じしん》は【　③　】4.7，○○地点での【　④　】は3，□□地点での【　④　】は2」のように表され,【　④　】は場所ごとに計測します。

〔①　　　　　　　　　　②　　　　　　　　　　〕
〔③　　　　　　　　　　④　　　　　　　　　　〕

2. 火山

上の図を見て，次の空らんに入る言葉を答えましょう。

火山の【　①　】によって,【　②　】から図の㋐のような【　③　】が流れ出したり，図の㋑のような【　④　】がふき出したりします。火山の活動によって，人の住んでいる地域《ちいき》に【　③　】や【　④　】がきてしまうこともあります。

一方，火山の熱を利用して【　⑤　】(電気をつくること) することもあります。

〔①　　　　　　　　　　②　　　　　　　　　　〕

〔③　　　　　　　　　　④　　　　　　　　　　〕

〔⑤　　　　　　　　　　　　　　　　　　　　　〕

解答

問題 82ページ

1. 地震《じしん》

①断層《だんそう》　②津波《つなみ》　③マグニチュード　④震度《しんど》

解説 ④震度《しんど》は0，1，2，3，4，5弱，5強，6弱，6強，7の10段階《だんかい》です。数字が大きいほどゆれが強くなっています。

2. 火山

①噴火《ふんか》　②火口　③溶岩《ようがん》　④火山灰《かざんばい》　⑤発電

解説 ①「噴火《ふんか》」は，もちろん「活動」などでも文の意味は通じますが，ここでは火山活動についての用語を学ぶことを目的としています。

気がついたことを書きとめよう

第8章 てこ

1 てこ

重いものを持ち上げるための工夫《くふう》を考えてみましょう。

ものを動かすために，棒《ぼう》の１点を支えにして，棒《ぼう》の一部に力を加える，ということがあります。この装置《そうち》を「てこ」といいます。また，この棒《ぼう》を「うで」ともよびます。

てこには

・**支点**（棒《ぼう》を支える位置）

・**力点**（棒《ぼう》に力を加える位置）

・**作用点**（動かしたいものに力がはたらく位置）

があります。

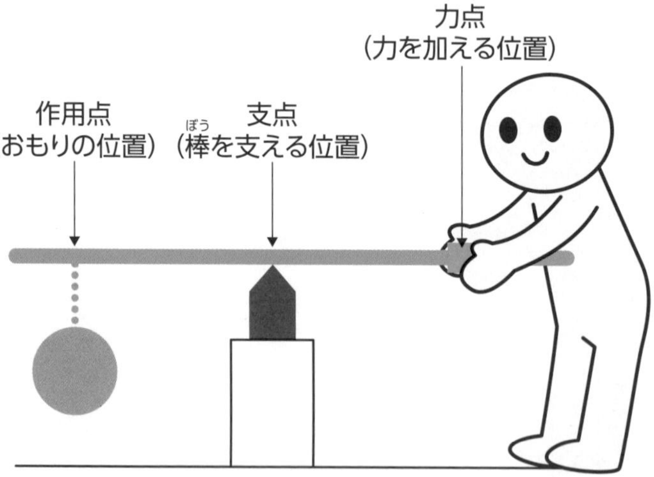

小さな力で持ち上げるためには「作用点（おもりの位置）と支点の距離《きょり》」をどのようにしたらよいかを考えます。

「作用点と支点の距離《きょり》が変わると，必要な力はどう変わるか」を調べたいときには，他の「支点と力点の距離《きょり》」や「おもりの重さ」は変えないで実験します。実験してみると，結果として，

作用点（おもりの位置）と支点が近いほど，持ち上げる力は小さくて済《す》む

ことがわかります。

また，支点と力点の距離《きょり》について調べると，

支点と力点が遠いほど，持ち上げる力は小さくて済《す》む

ことがわかります。

次の項目《こうもく》でしっかりと扱《あつか》いますが，

（おもりの重さ・力の大きさ）×（支点からの距離《きょり》）

が「棒《ぼう》をかたむけようとするはたらき」を表します。

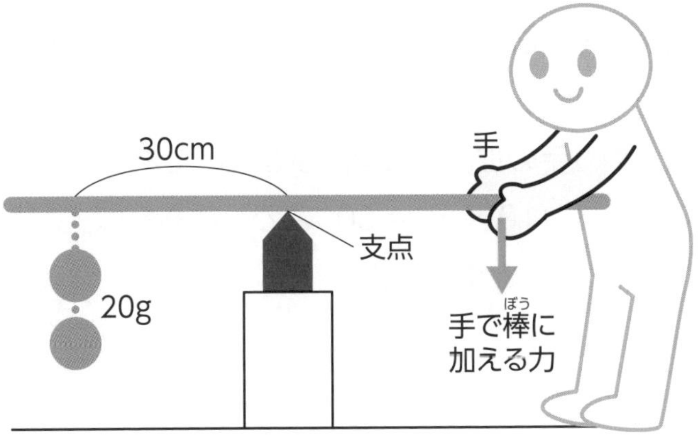

上の図であれば，おもりが棒《ぼう》をかたむけようとするはたらきは，20×30＝600となります。

「手の力（手で棒《ぼう》に加える力）」による，棒《ぼう》をかたむけようとするはたらきが600をこえればおもりは上がる（棒《ぼう》の右半分が下がり，左半分が上がる）ことになります。

もしおもりと支点の距離《きょり》を10cmにすると，おもりが棒《ぼう》をかたむけようとするはたらきが20×10＝200になり（600より小さくなり）ます。よって，手の力も小さくて済《す》みます。

以上のことから，

作用点（おもりの位置）と支点が近いほど，持ち上げる力は小さくて済《す》む

ということが確認《かくにん》できます。

また，右の図のように支点から30cmの距離《きょり》に20gのおもりをつるしたとき，おもりが棒《ぼう》をかたむけようとするはたらきが600となることは前ページで述べました。

支点と力点（手の位置）の距離《きょり》が10cmであれば，手の力が60gをこえると（60×10＝600より）おもりは上がる（棒《ぼう》の右半分は下がる）ことになります。

支点と力点（手の位置）の距離《きょり》が60cmであれば，手の力が10gをこえると（10×60＝600より）おもりは上がる（棒《ぼう》の右半分は下がる）ことになります。

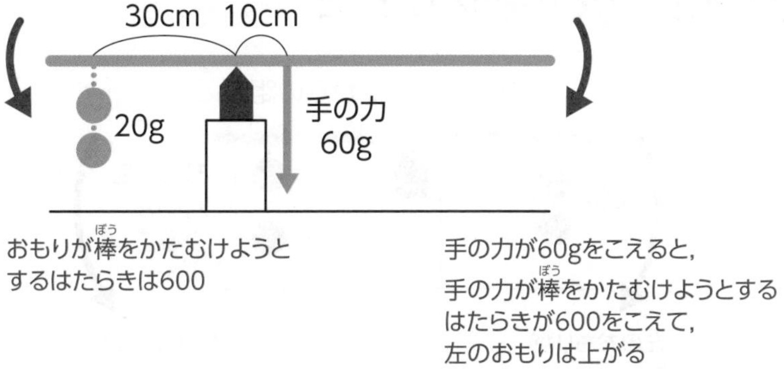

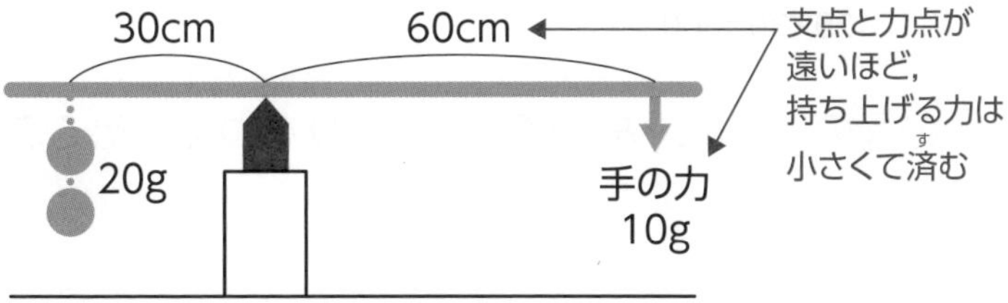

このことから，

支点と力点が遠いほど，持ち上げる力は小さくて済《す》む

ことがわかります。

参考

手の力を g（グラム）という単位で表すのは本当は好ましくありません。正しい表現は高校でしっかり学びます。ここでの「手の力が60g」というのは「60gのおもりを持ったときに感じる力と同じ大きさの力」ということです。

2 左右におもりをつるしたてこ

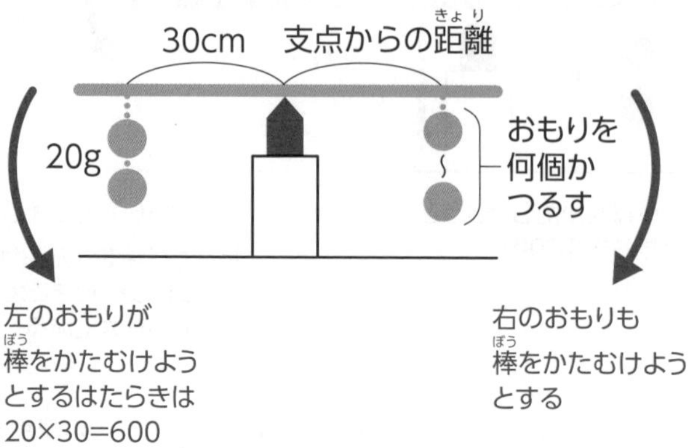

上の図のように，左右両方におもりをつるしたてこを考えます。

(おもりの重さ・力の大きさ) × (支点からの距離《きょり》)

が「棒《ぼう》をかたむけようとするはたらき」を表します。

もし「左のおもりが棒《ぼう》をかたむけようとするはたらき」が「右のおもりが棒《ぼう》をかたむけようとするはたらき」より大きいと，棒《ぼう》の左半分が下がり，棒《ぼう》の右半分が上がってしまいます。

よって，てこが水平になっているときには，

(左のおもりが棒《ぼう》をかたむけようとするはたらき)
＝(右のおもりが棒《ぼう》をかたむけようとするはたらき)

すなわち,

20 × 30

＝(右のおもりの重さ) × (支点から右のおもりまでの距離《きょり》)

となります。

重さや距離《きょり》を変えていくと下の表のようになります。

右のおもりの重さ (g)	10	20	30	60
支点から右のおもりまでの距離《きょり》 (cm)	60	30	20	10

重さを2倍にすると距離《きょり》は$\frac{1}{2}$倍に,

重さを3倍にすると距離《きょり》は$\frac{1}{3}$倍に,

と重さと距離《きょり》は反比例します。

参考

反比例は6年生の算数で学んでいます。

3 てこを利用した道具

てこを利用した道具には，上皿てんびん，はさみなどがあります。

上皿てんびん

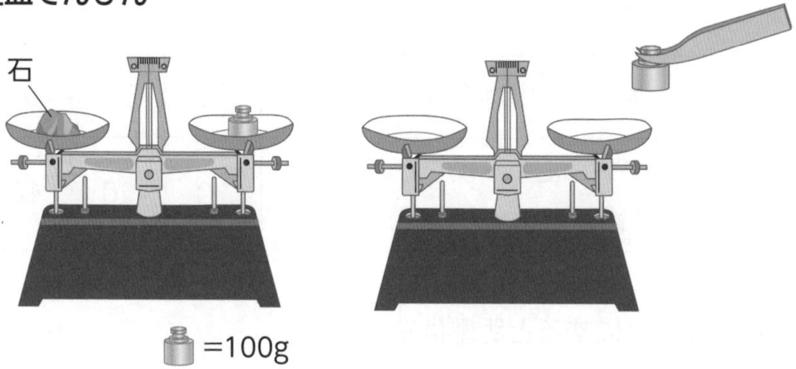

重さをはかる道具です。上の図のように，100gの分銅1つで上皿てんびんが水平になったら，石の重さは100gとなります。

てこを利用した道具は，身のまわりにもたくさんあります。支点，力点，作用点の位置で大きく次のように分けられます。

参考

・分銅はピンセットで持ちます。
・右利《みぎき》きの場合，分銅を加えたり除《のぞ》いたりするのに右手の方が便利ですから，右の皿に分銅を置きます。

・支点が力点と作用点の間にあるてこ

はさみ

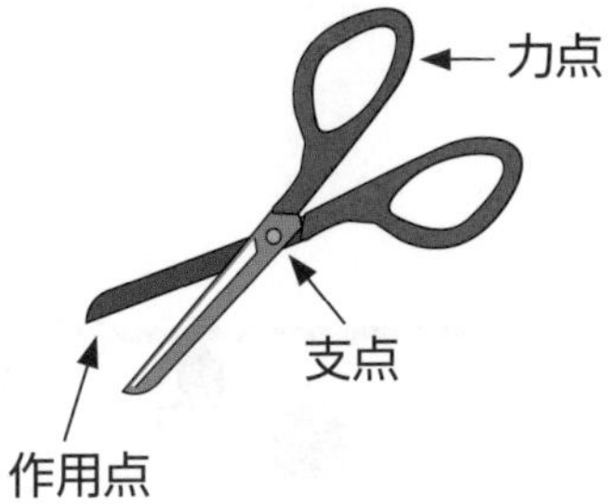

ペンチ

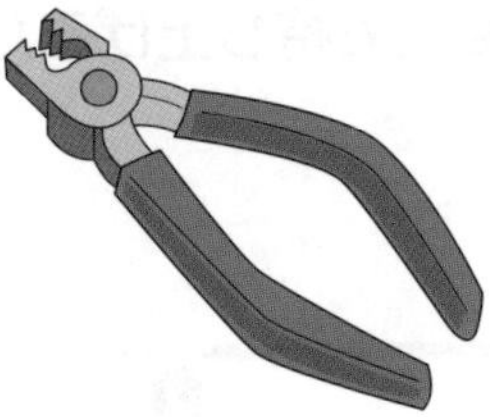

・力点が支点と作用点の間にあるてこ

ピンセット

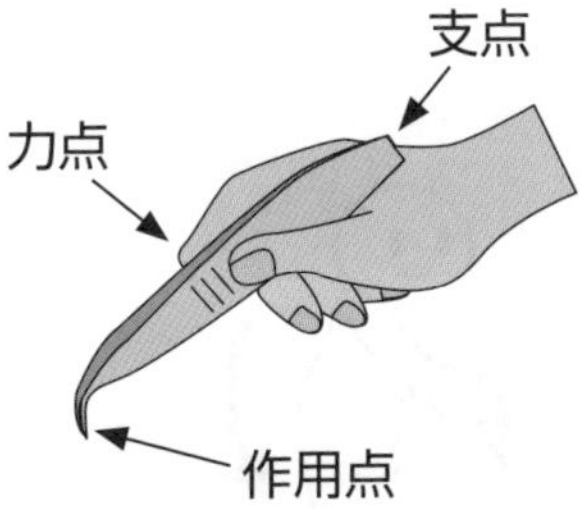

パンばさみ

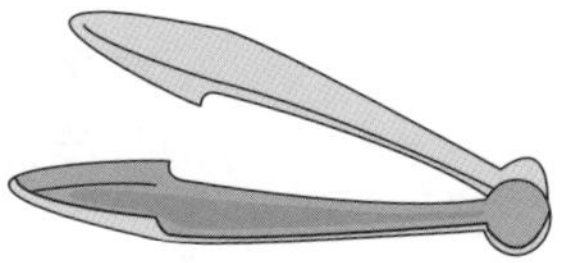

・作用点が支点と力点の間にあるてこ

せんぬき

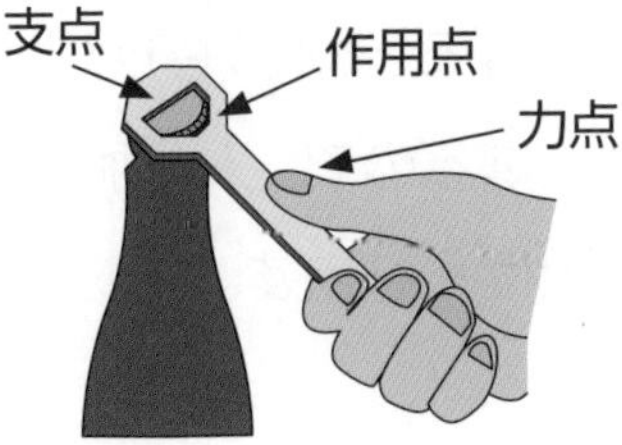

ステープラー

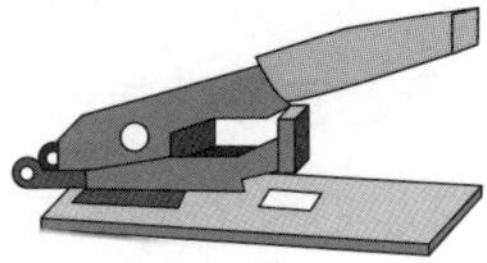

発《はっ》展《てん》事《じ》項《こう》 — 余《よ》裕《ゆう》のある人向け

小さな力で持ち上げるための工夫《くふう》

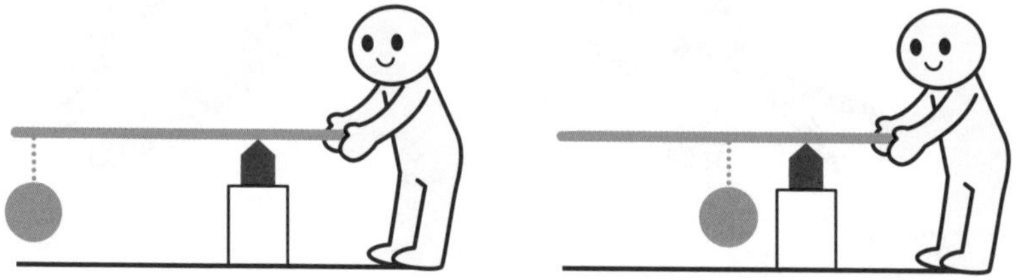

上の図で，おもりを持ち上げるために，人が加える力が小さくて済《す》むのは右です。

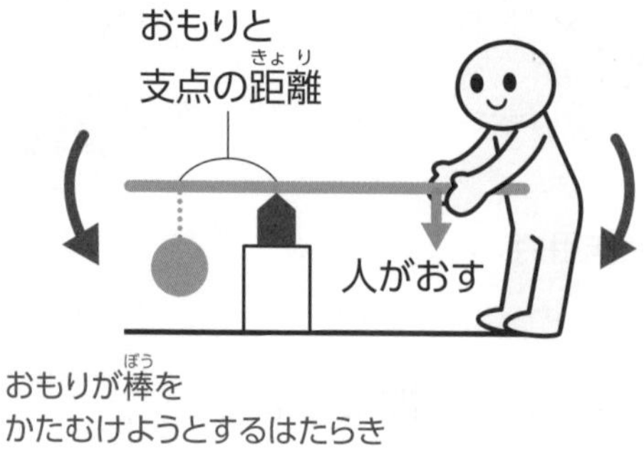

「おもりと支点の距離《きょり》」が小さくなると,「おもりが棒《ぼう》をかたむけようとするはたらき」が小さくなるので，人が加える力（おす力）は小さくてもおもりは持ち上げられます。

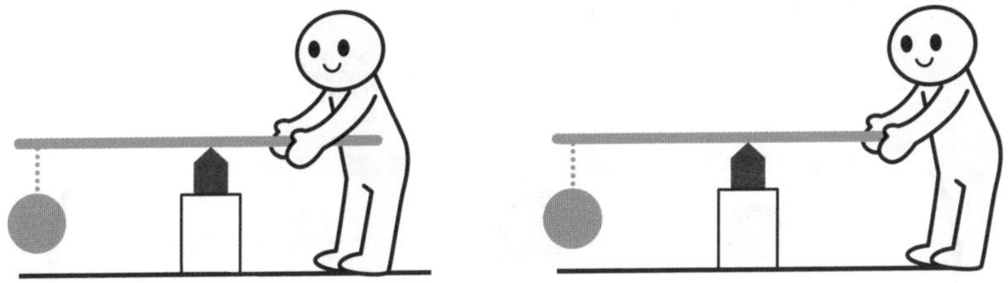

上の図で，おもりを持ち上げるために，人が加える力が小さくて済《す》むのは右です。

(手がおす力の大きさ) × (支点と手の距離《きょり》) が,「手が棒《ぼう》をかたむけようとするはたらき」を表します。

上の左の図で「支点と手の距離《きょり》が1mで手がおす力の大きさが100」だとすると,「手が棒《ぼう》をかたむけようとするはたらき」は100×1＝100になります。

上の右の図で「支点と手の距離《きょり》が2m」だとすると,「手の力の大きさが50」のときに「手が棒《ぼう》をかたむけようとするはたらき」が50×2＝100となり，上の左の図のときと同じ値《あたい》にすることができます。

よって，上の右の図の方が，小さい力でおもりを持ち上げることができます。

参考

(手がおす力の大きさ) × (支点と手の距離《きょり》) が100で一定のとき,「支点と手の距離《きょり》」が2倍になると「手がおす力の大きさ」は$\frac{1}{2}$倍になります。このように, 積 (かけ算の結果) が一定のとき, 片方《かたほう》を2倍, 3倍, …とするともう一方は$\frac{1}{2}$倍, $\frac{1}{3}$倍, …となります。この関係を「反比例」といいます。

左右におもりをつるしたてこ

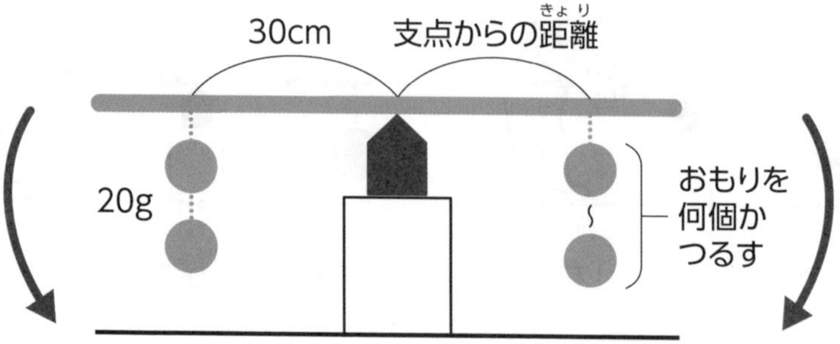

上の図のてこにおいて，左のおもりをつるしている点は支点から30cmです。左のおもりは計20gで一定にします。てこを水平にしたまま右のおもりの重さを変えていくと，下の表のようになります。

右のおもりの重さ（g）	10	20	30	60
支点から右のおもりまでの距離《きょり》（cm）	60	30	20	10

重さを2倍にすると距離《きょり》は$\frac{1}{2}$倍に，

重さを3倍にすると距離《きょり》は$\frac{1}{3}$倍に，

と重さと距離《きょり》は反比例します。

てこが水平になっているときには,

(左のおもりが棒《ぼう》をかたむけようとするはたらき)

＝(右のおもりが棒《ぼう》をかたむけようとするはたらき)

すなわち,

20×30

＝(右のおもりの重さ)×(支点から右のおもりまでの距離《きょり》)

＝600

となります。

よって，右のおもりの重さが5gのときは,

600＝5×(支点から右のおもりまでの距離《きょり》)

であり,

(支点から右のおもりまでの距離《きょり》)＝600÷5＝120(cm)

となります。

同様に，右のおもりの重さが10gのときは60cm，15gのときは40cm，20gのときは30cmとなります。

このとき,「右のおもりの重さ」と「支点から右のおもりまでの距離《きょり》」は反比例しています。

なお，右のおもりの重さが22g，支点から右のおもりまでの距離《きょり》が22cmのときには，左のおもりが下がります。

(左のおもりが棒《ぼう》をかたむけようとするはたらき)

$= 20 \times 30 = 600$

(右のおもりが棒《ぼう》をかたむけようとするはたらき)

$= 22 \times 22 = 484$

より，「左のおもりが棒《ぼう》をかたむけようとするはたらき」の方が「右のおもりが棒《ぼう》をかたむけようとするはたらき」より大きいので，左のおもりが下がります。

参考

力の大きさにはg (グラム) などの単位をあえてつけていませんが, gでイメージしておけば大丈夫《だいじょうぶ》です。「力の大きさ」と「おもりの重さ」の関係については高校生になってはじめて学ぶことですから, 今はgでイメージしておきましょう。

気がついたことを書きとめよう

確《かく》認《にん》問題

解答 103ページ

1. てこ

1 次の空らんに入る言葉を答えましょう。

ものを動かすために，棒《ぼう》の1点を支えにして，棒《ぼう》の一部に力を加える，ということがあります。この装置《そうち》を【　①　】といいます。また，この棒《ぼう》をうでともよびます。

【　①　】には

【　②　】(棒《ぼう》を支える位置)

【　③　】(動かしたいものに力がはたらく位置)

【　④　】(棒《ぼう》に力を加える位置)

があります。

〔①　　　　　　②　　　　　　〕

〔③　　　　　　④　　　　　　〕

2 下の図の①, ②, ③が指す位置のてこのはたらきを答えましょう。

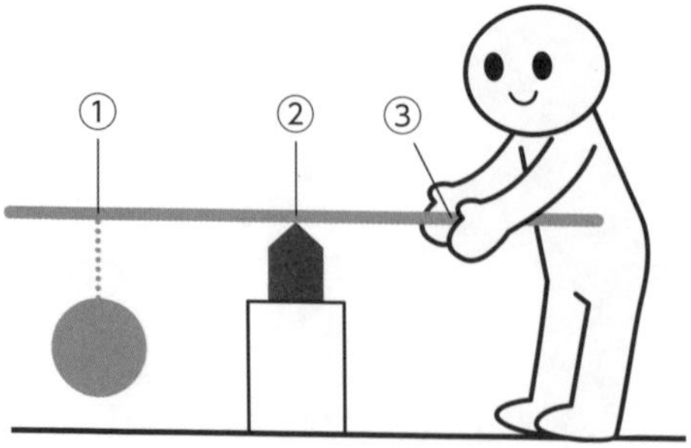

〔①　　　　　　〕

〔②　　　　　　〕

〔③　　　　　　〕

2. てこのつり合い

1

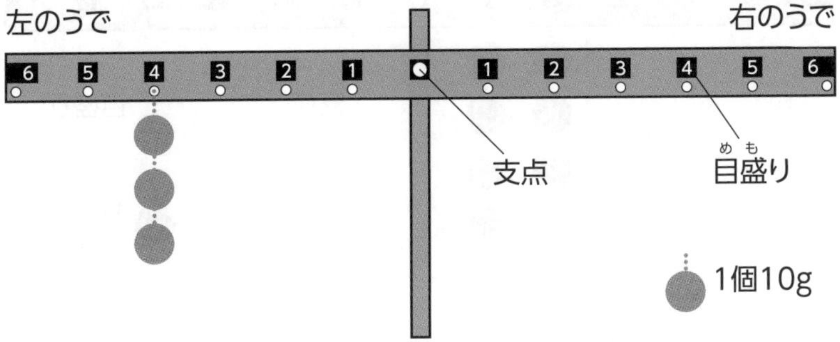

上の図のように，てこの左のうでの目盛《めも》り4に30gのおもりをつるしました。
右のうでの各目盛《めも》りにおもりをつるしたとき，てこが水平になる重さを調べた結果が，以下の表です。空らん①～④に入る重さを答えましょう。

左のうで		右のうで	
目盛《めも》り	おもり	目盛《めも》り	おもり
4	30g	1	①
		2	②
		3	③
		4	④

〔① ② 〕
〔③ ④ 〕

2

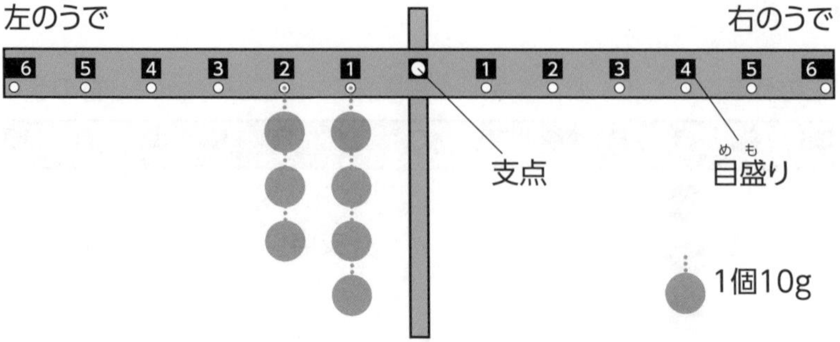

上の図のように左のうでの目《め》盛《も》り1に40gのおもりを，目《め》盛《も》り2に30gのおもりをつるしました。右のうでの目《め》盛《も》り5に何gのおもりをつるすと水平になるでしょうか。

〔　　　　　　　　　　〕

解答

問題 100ページ

1. てこ

1 ①てこ　②支点　③作用点　④力点

2 ①作用点　②支点　③力点

2. てこのつり合い

1 ①120g　②60g　③40g　④30g

2 20g

解説 左のおもりが棒《ぼう》をかたむけようとするはたらきは

$$40 \times 1 + 30 \times 2 = 100$$

です。

よって，右のうでの目《め》盛《も》り5につるすおもりは

$$100 \div 5 = 20\text{g}$$

となります。

第9章　電気と生活

1　発電

電気をつくる方法を考えましょう。

電気をつくることを発電といいます。

風力発電所では風の力を用いて発電機を回して発電し，太陽光発電所では太陽の光を光電池《こうでんち》（太陽電池）で受けることにより発電しています。

風力発電

北海道の幌延《ほろのべ》町にあるオトンルイ風力発電所

太陽光発電

八ヶ岳《やつがたけ》の太陽光発電所

2　身近な発電機

身近にある発電機に，自転車のライトや緊急時《きんきゅうじ》用などの防災ラジオの手回し部分，手回し発電機などがあります。

防災ラジオの手回し部分は，手回し発電機と同じ原理（しくみ）で動いています。

自転車のライトの発電機

原理(しくみ)は発展事項《はってんじこう》にある「電磁誘導《でんじゆうどう》」

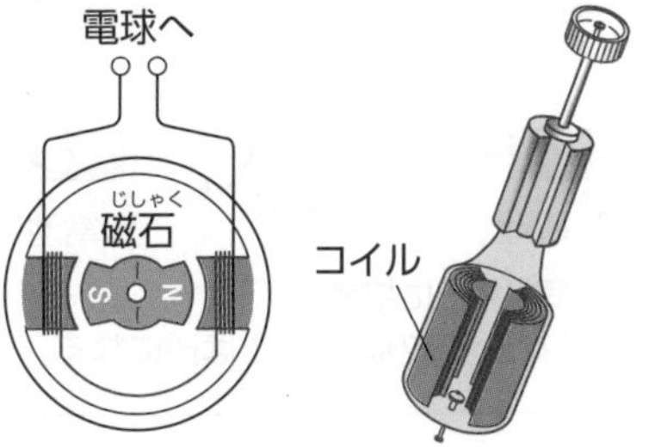

防災ラジオ

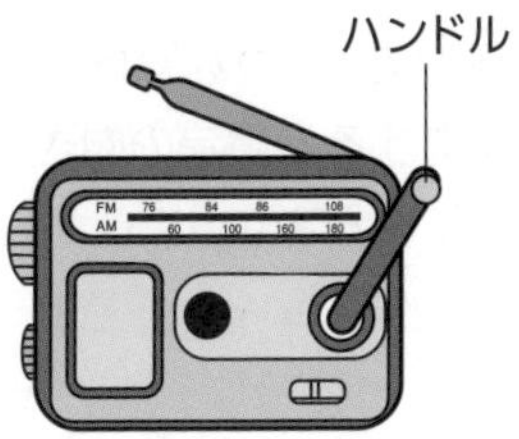

手回し発電機

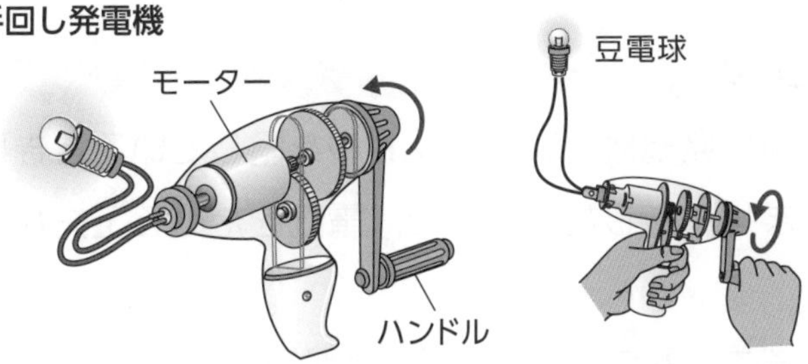

手回し発電機は，ハンドルを回すことにより発電します。ハンドルは，どちら回りに回しても発電されます。

たとえば手回し発電機に豆電球をつないだときには，手回し発電機のハンドルを時計《とけい》回りに回しても反時計《とけい》回りに回しても豆電球は光ります。

ただし，プロペラをつないだときには，回す向きを逆にするとプロペラが回る向きも逆になります。このことから，手回し発電機を回す向きを逆にすると電流の向きも逆になることがわかります。

ハンドルを速く回すと，電流も大きくなり，豆電球もより明るく光り，プロペラもより速く回ります。

ただし，ハンドルを回しているときにしか電流は流れません。

参考

乾電池《かんでんち》でも，つなぐ向きを逆にすると電流の向きは逆になります。

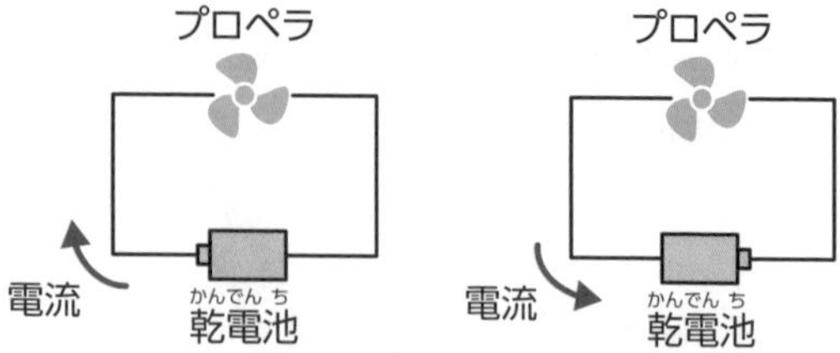

同じように接続。
プロペラの回る向きは逆になる。

3 電気をためる

先ほどの手回し発電機では，ハンドルを回しているときにしか電流は流れませんでした。そこで，電気をためる工夫《くふう》が必要になりました。

電気をためることを蓄電《ちくでん》や充電《じゅうでん》といいます。

つくった電気をためる装置《そうち》として，コンデンサーがあります。

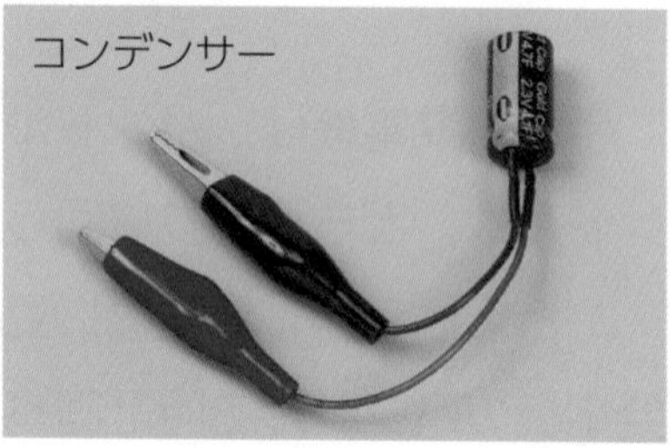

充電《じゅうでん》したコンデンサーを豆電球やプロペラにつなぐと，豆電球は光り，プロペラは回転します。また，電子オルゴールに

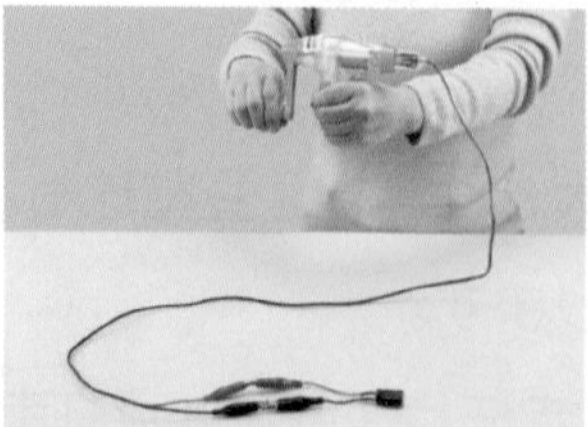

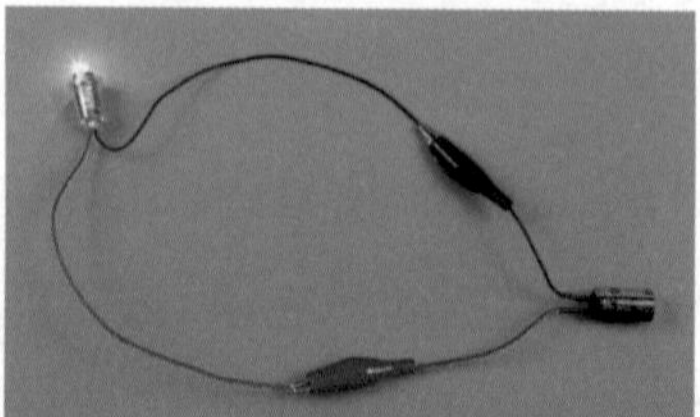

つなぐと音楽が流れます。

ためておいた電気は光・運動・音などに変えることができます。

4 電気と熱

電気ストーブや豆電球，発光ダイオードは，電気を熱や光に変えています。

電気ストーブ

豆電球

発光ダイオード
(LEDともよばれる)

光り続けている豆電球を触《さわ》るとあたたかく感じますが，これは豆電球は電気を光だけでなく熱にも変えていることを意味します。一方，光り続けている発光ダイオードを触《さわ》ってもほとんどあたたかくなっていません。

発光ダイオードは電気を効率よく光に変えています。

実際，手回し発電機を同じ回数だけ回してコンデンサーに電気をためたとき，豆電球では光だけでなく熱にも電気が使われてしまうので，同じくらいの明るさの場合，発光ダイオードよりも豆電球が光り続ける時間は短くなります。

5 プログラミング

学校や役所などには，入ると自動で明かりがつくようになっているトイレがあります。

そのようなトイレでは，人があらかじめ入力した指示に従《したが》って明かりがつくようになっていますが，こういったコンピュータへの指示をプログラムとよび，プログラムをつくることをプログラミングといいます。

発《はっ》展《てん》事《じ》項《こう》 ―― 余《よ》裕《ゆう》のある人向け

電磁誘導《でんじゆうどう》

手回し発電機は電磁誘導《でんじゆうどう》という現象を利用しています。

磁力線《じりょくせん》は，磁石《じしゃく》のN極から出てS極に入ります。

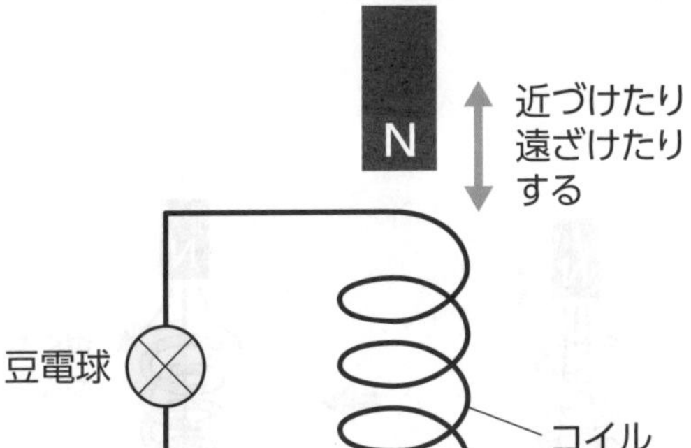

図のように，コイルに磁石《じしゃく》を近づけたり遠ざけたりすると豆電球が光ります。この現象が電磁誘導《でんじゆうどう》です。これは「コイルを貫《つらぬ》く磁力線《じりょくせん》の本数が変化すると，コイルに電池ができる」と表すことができます。

具体的に見てみましょう。

①N極を近づける

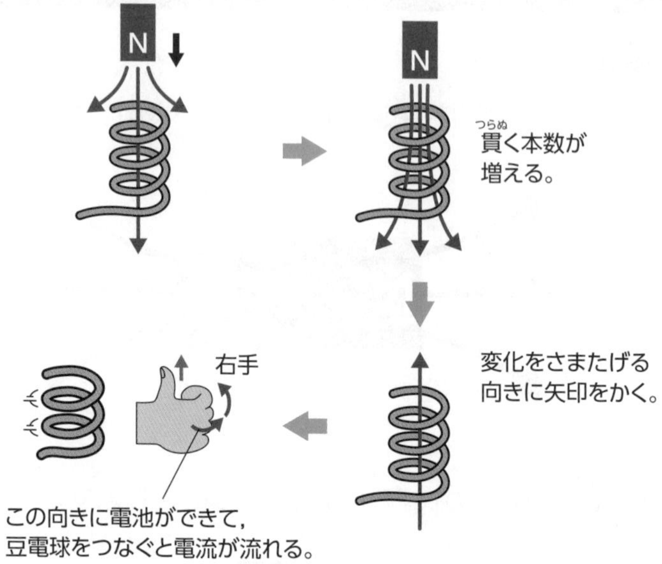

②N極を遠ざける

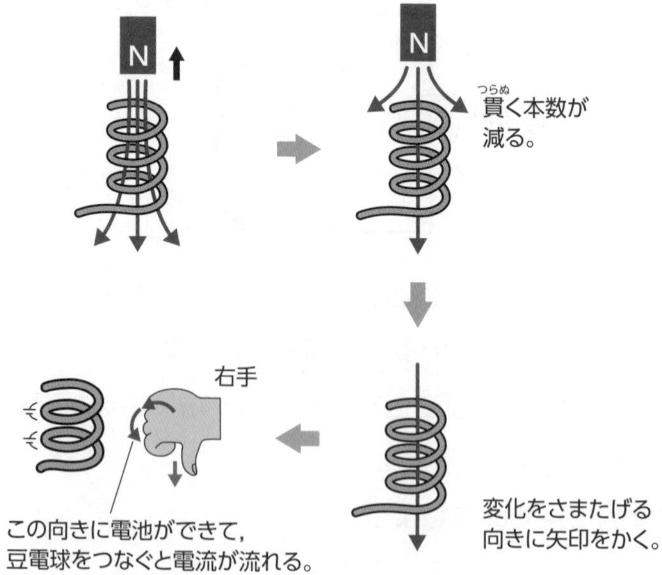

③S極を近づける

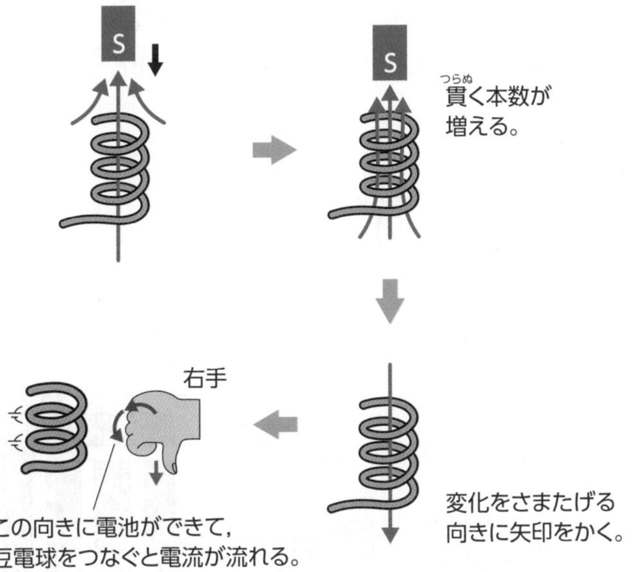

④S極を遠ざける

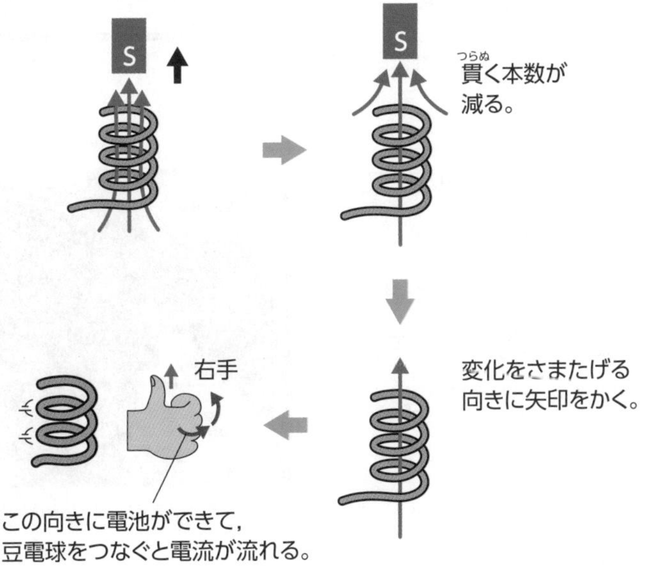

磁石《じしゃく》を近づけるだけで電池ができ，豆電球をつなぐと電流が流れて光る，というのはとても興味深い現象です。この現象は手回し発電機など，多くの機器で利用されています。

火力発電

【火力発電所のしくみ】

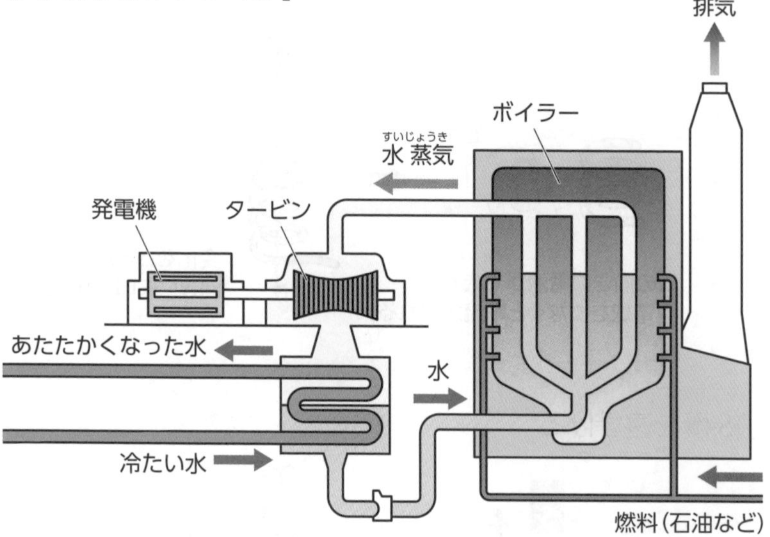

火力発電は，石油などを燃やして水蒸気《すいじょうき》をつくり，その水蒸気《すいじょうき》の勢いを用いてタービン（羽根車）を回し，発電機を回しています。

火力発電所のタービンの模型《もけい》

気がついたことを書きとめよう

確《かく》認《にん》問題　解答 118ページ

1．手回し発電機

1 次の空らんに入る言葉を答えましょう。選択《せんたく》肢《し》が示されている場合は，適切な方の言葉を選びましょう。

電気をつくることを【　①　】といいます。

身近にある発電機として手回し発電機があります。手回し発電機は，ハンドルを回すことにより【　①　】します。

手回し発電機にプロペラをつないで，発電機の回す向きを逆にすると，プロペラの回る向きは【　②逆になります・変わりません　】。これは，発電機を逆に回したとき，流れる【　③　】の向きが【　④ 逆になる・変わらない　】からです。

また，発電機ではなく乾電《かんでん》池《ち》をつないだときも，つなぐ向きを逆にするとプロペラの回る向きは【　⑤ 逆になります・変わりません　】。

【①　　　　　　　　②　　　　　　　　】
【③　　　　　　　　④　　　　　　　　】
【⑤　　　　　　　　　　　　　　　　　】

2 次の空らんに入る適切な方の言葉をそれぞれ選びましょう。

ハンドルを速く回すと電流が【　① 大きくなる・小さくなる　】ので，プロペラも【　② 速く回転します・遅《おそ》く回転します　】。

また，プロペラではなく豆電球をつないだときには，ハンドルを速く回すと豆電球は【　③ 明るく・暗く　】なります。

なお，つくった電気をためる機能がついていない発電機の場合，ハンドルを回していないときには豆電球は【　④ 暗く光ります・光りません　】。

〔①　　　　　　　　②　　　　　　　　〕
〔③　　　　　　　　④　　　　　　　　〕

3 次の空らんに入る言葉を答えましょう。

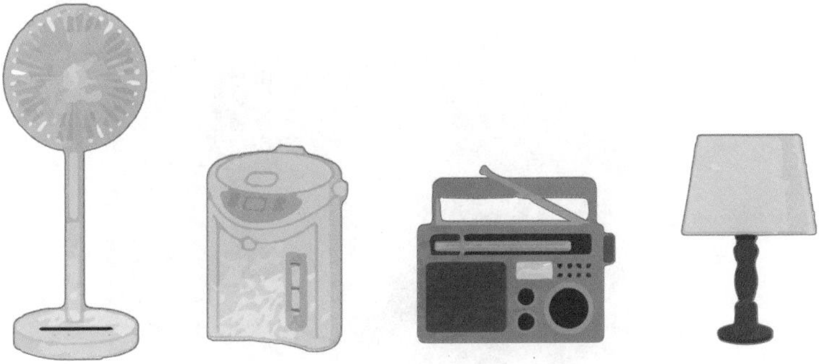

扇風機《せんぷうき》，電気ポット，ラジオ，電気スタンドのうち，
電気を光に変えているものは【　①　】
電気を運動に変えているものは【　②　】
電気を【　③　】に変えているものは【　④　】
電気を音に変えているものは【　⑤　】です。

〔①　　　　　　　　②　　　　　　　　〕
〔③　　　　　　　　④　　　　　　　　〕
〔⑤　　　　　　　　　　　　　　　　　〕

2. 電気をためる

1 次の空らんに入る言葉を答えましょう。

電気をためることを【 ① 】や【 ② 】といいます。

〔① ② 〕

2 下の写真は，つくった電気をためる装置《そうち》です。この装置《そうち》の名前を答えましょう。

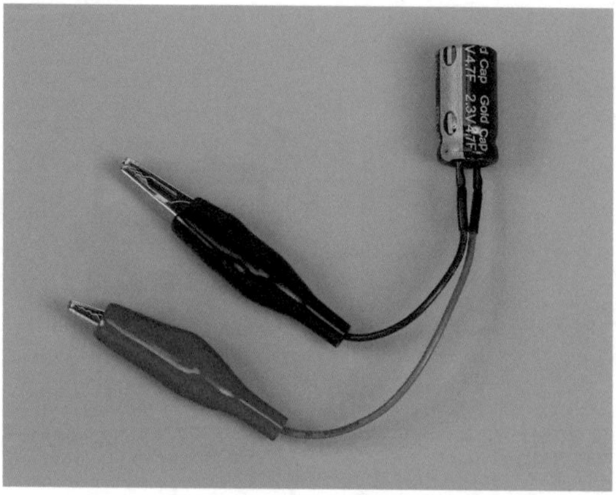

〔 〕

3. 電気と熱

次の空らんに入る言葉を答えましょう。

電気ストーブや豆電球,【　①　】(LED) は電気を【　②　】や光に変えています。

光り続けている豆電球を触《さわ》るとあたたかく感じますが，これは豆電球が電気を光だけでなく【　②　】にも変えていることを意味します。そのため，同じくらいの明るさの場合は，電気を効率よく光に変える【　①　】よりも，豆電球が光り続ける時間は【　③　】なります。

〔①　　　　　　　　　　　〕

〔②　　　　　　　　　　　〕

〔③　　　　　　　　　　　〕

4. プログラミング

次の空らんに入る言葉を答えましょう。

トイレでは，人があらかじめ入力した指示に従《したが》って明かりがつくようになっていることがあります。そのような，コンピュータへの指示を【　①　】とよび,【　①　】をつくることを【　②　】といいます。

〔①　　　　　　　　②　　　　　　　　〕

解答

問題 114ページ

1. 手回し発電機

1 ①発電　②逆になります　③電流　④逆になる　⑤逆になります

2 ①大きくなる　②速く回転します　③明るく　④光りません

3 ①電気スタンド　②扇風《せんぷう》機《き》　③熱　④電気ポット　⑤ラジオ

2. 電気をためる

1 ①，②蓄電《ちくでん》，充電《じゅうでん》(順不同)

2 コンデンサー

3. 電気と熱

①発光ダイオード　②熱　③短く

4. プログラミング

①プログラム　②プログラミング

気がついたことを書きとめよう

第10章 水溶液《すいようえき》の性質

1 水溶液《すいようえき》の区別

食塩水と炭酸水は，「泡《あわ》が出ているのが炭酸水」とすぐに区別がつきます。

それでは，下の写真のような，一見どれも無色透明《とうめい》に見えるさまざまな水溶液《すいようえき》を区別するにはどうすればよいでしょうか。

参考

塩酸は塩化水素という気体を水に溶《と》かしたものであり，トイレ用の洗剤《せんざい》などに含《ふく》まれています。
石灰《せっかい》水は消石灰《しょうせっかい》（水酸化カルシウム）を水に溶《と》かしたものです。
炭酸水は二酸化炭素を水に溶《と》かしたものです。

それぞれの見た目やにおい，水を蒸発《じょうはつ》させたときの変化を表にまとめました。

水溶液《すいようえき》	におい	見た目	水を蒸発《じょうはつ》させたとき	
			におい	残るもの
アンモニア水	ツンとしたにおい	透明《とうめい》	ツンとしたにおい	なし
塩　酸	ツンとしたにおい	透明《とうめい》	ツンとしたにおい	なし
食塩水	なし	透明《とうめい》	なし	白いもの
石灰《せっかい》水	なし	透明《とうめい》	なし	白いもの
炭酸水	なし	透明《とうめい》	なし	なし

上の5種類の水溶液《すいようえき》のうち，食塩水，石灰《せっかい》水は固体が水に溶《と》けたものです。

アンモニア水，塩酸，炭酸水は気体が水に溶《と》けたものです。

炭酸水は二酸化炭素を水に溶《と》かしたものです。

では，泡《あわ》が出ている水溶液《すいようえき》が与《あた》えられたとき，それが炭酸水（二酸化炭素が溶《と》けたもの）なのか別のものなのかを判断するにはどのようにすればよいでしょうか。

その場合は，

・二酸化炭素は石灰《せっかい》水を白くにごらせる

・マッチや線香《せんこう》は二酸化炭素の中では燃焼《ねんしょう》しない

という性質を用います。

炭酸水から出た泡《あわ》を集めた試験管に，石灰《せっかい》水を入れてよくふると白くにごります。

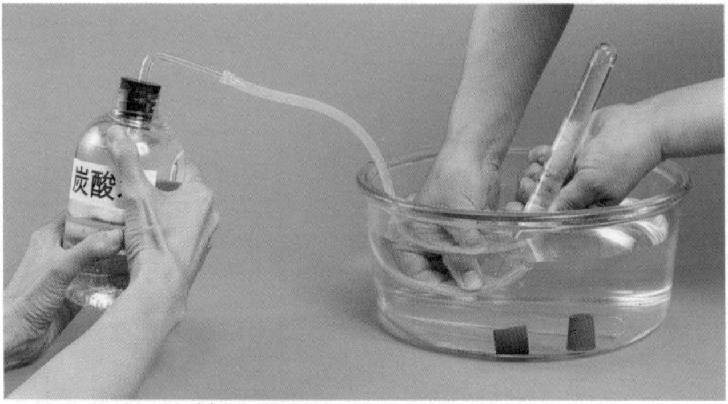

炭酸水から出た泡《あわ》を試験管に集める

石灰《せっかい》水を加える

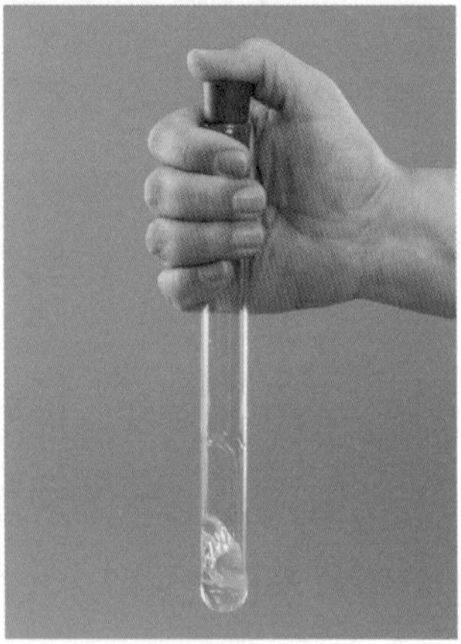
よくふり混ぜ，白くにごったら二酸化炭素だと判断できる

また，炭酸水から出た泡《あわ》を集めた試験管に火のついた線香《せんこう》を入れると火が消えます。

このことにより，泡《あわ》が出ている水溶液《すいようえき》が「炭酸水（二酸化炭素が溶《と》けたもの）」だと判断できます。

2 水溶液《すいようえき》の分類（なかま分け）

水溶液《すいようえき》は酸性・中性・アルカリ性と分類（なかま分け）することができます。

酸性・中性・アルカリ性はリトマス紙という紙を用いて判定できます。リトマス紙には青色のリトマス紙，赤色のリトマス紙があり，水溶液《すいようえき》をつけると，下の表のように色が変化します。

水溶液《すいようえき》の性質	酸　性	中　性	アルカリ性
リトマス紙の様子	青色のリトマス紙だけが赤くなる	どちらの色のリトマス紙も変化しない	赤色のリトマス紙だけが青くなる
青色のリトマス紙	赤くなる		
赤色のリトマス紙			青くなる
代表的な水溶液《すいようえき》	塩酸，炭酸水	（水），食塩水	石灰《せっかい》水，アンモニア水

参　考

何をもとに酸性・中性・アルカリ性に分けているのかは高校で学びますが，「酸性は酢《す》や果汁《かじゅう》（果物《くだもの》をしぼったもの）が代表例で酸《す》っぱい味のするものが多い」，「アルカリ性は草木を燃やした後の灰《はい》を水に溶《と》かしたものが代表例で苦い味がするものが多い」ということは知っておくとよいでしょう。

実際に，先ほど出てきた５種類の水溶液《すいようえき》と重そう水と水にリトマス紙をつけて，その結果を表にまとめました。

水・水溶液《すいようえき》	青色のリトマス紙	赤色のリトマス紙
水	変化せず	変化せず
アンモニア水	変化せず	青くなる
塩　酸	赤くなる	変化せず
重そう水	変化せず	青くなる
食塩水	変化せず	変化せず
石灰《せっかい》水	変化せず	青くなる
炭酸水	少し赤くなる	変化せず

この結果から，以下のことがわかります。

・酸　性　　→ 塩酸，炭酸水

・中　性　　→ 水，食塩水

・アルカリ性 → アンモニア水，重そう水，石灰《せっかい》水

参考

重そう水は，重そうを水に溶《と》かしたもので，油汚《あぶらよご》れ用の洗剤《せんざい》などに含《ふく》まれています。

3 金属と水溶液《すいようえき》

塩酸を含《ふく》む洗剤《せんざい》は金属製品には使えません。その理由を考えてみましょう。

鉄とアルミニウムはともに金属ですが，これらに塩酸を加えると，泡《あわ》を出し，鉄やアルミニウムは溶《と》けてしまいます。

鉄が溶《と》ける様子

アルミニウムが溶《と》ける様子

鉄やアルミニウムに塩酸を加えると溶《と》けてしまいますが，鉄に塩酸を加えたときには塩化鉄（固体，うすい黄色の粉）と水素（気体，泡《あわ》として出る）ができ，アルミニウムに塩酸を加えたときには塩化アルミニウム (固体，白い粉) と水素 (気体，泡《あわ》として出る) ができます。

よって，鉄に塩酸を加えて，鉄が溶《と》けてしまった液体があったとき，水を蒸発《じょうはつ》させるともとの鉄ではない別のもの (塩化鉄) が出てきます。

塩酸に鉄 (左) とアルミニウム (右) を溶《と》かした液を加熱して，蒸発《じょうはつ》させたもの

なお，塩酸は酸性の水溶液《すいようえき》ですが，アルカリ性の水溶液《すいようえき》である水酸化ナトリウム水溶液《すいようえき》もアルミニウムを溶《と》かします（鉄は溶《と》かしません)。

参考

BTB液や万能《ばんのう》試験紙でも酸性・中性・アルカリ性を調べることができます。BTB液では，酸性のとき黄色に，中性のとき緑色に，アルカリ性のとき青色に変化します。

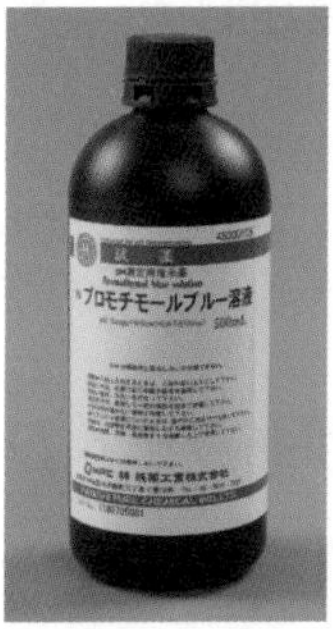

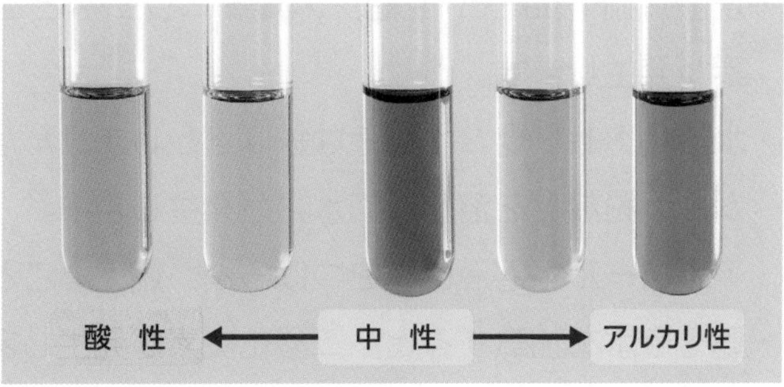

万能《ばんのう》試験紙では，酸性のとき赤色に，中性のとき緑色に，アルカリ性のとき青色に変化します。

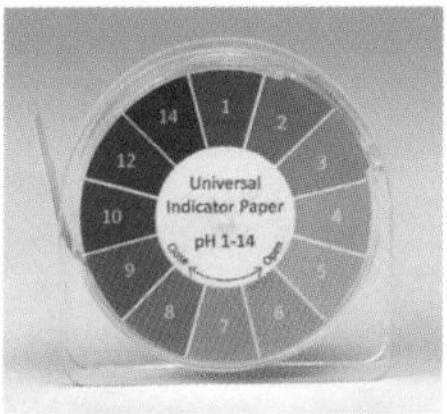

万能《ばんのう》試験紙の色の変化

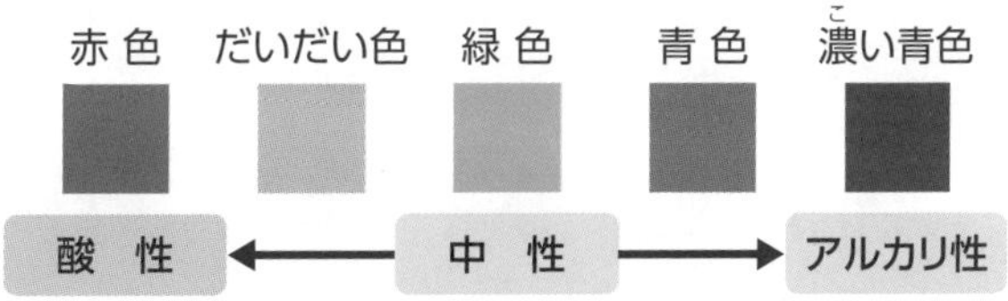

発《はっ》展《てん》事《じ》項《こう》 ― 余《よ》裕《ゆう》のある人向け

水溶液《すいようえき》の特別な性質

・塩酸，硫酸《りゅうさん》は鉄や亜鉛《あえん》，アルミニウムなどを溶《と》かして，水素が発生します。

・水酸化ナトリウム水溶液《すいようえき》は鉄は溶《と》かしませんが，アルミニウム，亜鉛《あえん》などを溶《と》かして水素が発生します。

・アルコール水溶液《すいようえき》に火をつけると，燃えることがあります。

・重そう水を加熱すると，二酸化炭素が発生します。

・砂糖水《さとうみず》は，加熱すると，こげて黒くなります。

気がついたことを書きとめよう

確《かく》認《にん》問題

解答 134ページ

1. 水溶液《すいようえき》

次の空らんに入る言葉を答えましょう。②～⑤については，食塩水，アンモニア水，石灰《せっかい》水，炭酸水，塩酸の５種類から，当てはまるものをすべて答えましょう。

食塩水，アンモニア水，石灰《せっかい》水，炭酸水，塩酸という５種類の【　①　】について考えます。

見た目で泡《あわ》が出ているのは【　②　】で，残りの【　①　】の見た目は水と変わりません。

ツンとしたにおいがあるのは【　③　】で，残りの【　①　】はにおいがありません。

固体が溶《と》けているのは【　④　】で，気体が溶《と》けているのは【　⑤　】です。

気体が溶《と》けているものを蒸発《じょうはつ》させたときには何も残りませんが，固体が溶《と》けているものを蒸発《じょうはつ》させたときには固体が出てきます。

〔①　　　　　　　　　　　　　　　　　〕

〔②　　　　　　　　　　　　　　　　　〕

〔③　　　　　　　　　　　　　　　　　〕

〔④　　　　　　　　　　　　　　　　　〕

〔⑤　　　　　　　　　　　　　　　　　〕

2. 炭酸水の性質

次の空らんに入る言葉を答えましょう。選択肢《せんたくし》が示されている場合は，適切な方の言葉を選びましょう。

泡《あわ》が出ている水溶液《すいようえき》が与《あた》えられたとき，それが炭酸水（【　①　】が溶《と》けたもの）なのか別のものなのかを判断するには，

・【　①　】は【　②　】水を【　③　】くにごらせる

・マッチや線香《せんこう》は【　①　】の中では燃焼《ねんしょう》しない

という性質を用います。実際，炭酸水から出た泡《あわ》を集めた試験管に，【　②　】水を入れてよくふると【　③　】くにごります。また，炭酸水から出た泡《あわ》を集めた試験管に火のついた線《せん》香《こう》を入れると火が【　④ 大きくなります・消えます　】。

〔①　　　　　　　　②　　　　　　　　〕
〔③　　　　　　　　④　　　　　　　　〕

3. 水溶液《すいようえき》の分類（なかま分け）

1 次の空らんに入る言葉を答えましょう。

水溶液《すいようえき》は【　①　】性・【　②　】性・【　③　】性と分類（なかま分け）することができます。「【　①　】性は酢《す》が代表例で酸《す》っぱい味のするものが多い，【　③　】性は苦い味がするものが多い」ということが知られています。【　①　】性・【　②　】性・【　③　】性はリトマス紙という紙を用いて判定できます。【　④　】色のリトマス紙に【　①　】性の水溶液《すいようえき》をつけると【　④　】色が【　⑤　】く変わり，【　⑥　】色のリトマス紙に【　③　】性の水溶液《すいようえき》をつけると【　⑥　】色が

【　⑦　】く変わります。【　②　】性水溶液《すいようえき》は，どちらの色のリトマス紙の色も変えません。

〔①　　　　　　　　②　　　　　　　　〕
〔③　　　　　　　　④　　　　　　　　〕
〔⑤　　　　　　　　⑥　　　　　　　　〕
〔⑦　　　　　　　　　　　　　　　　　〕

2 次の空らんに入る言葉を答えましょう。①～③については，食塩水，アンモニア水，石灰《せっかい》水，炭酸水，塩酸の5種類から，当てはまるものをすべて答えましょう。

食塩水，アンモニア水，石灰《せっかい》水，炭酸水，塩酸のうち，酸性のものは【　①　】であり，アルカリ性のものは【　②　】であり，中性のものは【　③　】です。なお，水は【　④　】性です。

〔①　　　　　　　　　　　　　　　　　〕
〔②　　　　　　　　　　　　　　　　　〕
〔③　　　　　　　　　　　　　　　　　〕
〔④　　　　　　　　　　　　　　　　　〕

3 次の空らんに入る言葉を答えましょう。

BTB液では酸性のとき【　①　】色に，中性のとき【　②　】色に，アルカリ性のとき【　③　】色に変化します。

〔①　　　　　　　〕
〔②　　　　　　　〕
〔③　　　　　　　〕

4. 金属と水溶液《すいようえき》

次の空らんに入る言葉を答えましょう。選択肢《せんたくし》が示されている場合は，適切なものを選びましょう。

鉄とアルミニウムはともに金属ですが，これらに塩酸を加えると，【　①　】を出し，鉄やアルミニウムは【　②　】しまいます。なお，塩酸は【　③　】性の水溶液《すいようえき》ですが，【　④　】性の水溶液《すいようえき》である水酸化ナトリウム水溶液《すいようえき》もアルミニウムを溶《と》かします（鉄は溶《と》かしません）。鉄に塩酸を加えて，鉄が溶《と》けてしまった液体があったとき，水を蒸発《じょうはつ》させると出てくるのは【　⑤ もとの鉄と同じもの・鉄とは別のもの　】です。

［①　　　　　　　　　　　　　　］

［②　　　　　　　　　　　　　　］

［③　　　　　　　　　　　　　　］

［④　　　　　　　　　　　　　　］

［⑤　　　　　　　　　　　　　　］

解答

問題 130ページ

1. 水溶液《すいようえき》

①水溶液《すいようえき》　②炭酸水　③アンモニア水，塩酸

④食塩水，石灰《せっかい》水

⑤アンモニア水，炭酸水，塩酸

解説 石灰《せっかい》水は消石灰《しょうせっかい》（水酸化カルシウム）を水に溶《と》かしたものです。アンモニア水はアンモニア，炭酸水は二酸化炭素が溶《と》けています。

2. 炭酸水の性質

①二酸化炭素　②石灰《せっかい》　③白　④消えます

3. 水溶液《すいようえき》の分類（なかま分け）

1 ①酸　②中　③アルカリ　④青　⑤赤　⑥赤　⑦青

2 ①炭酸水，塩酸　②アンモニア水，石灰《せっかい》水　③食塩水　④中

3 ①黄　②緑　③青

4. 金属と水溶液《すいようえき》

①泡《あわ》　②溶《と》けて　③酸　④アルカリ　⑤鉄とは別のもの

解説 鉄に塩酸を加えたときには塩化鉄（固体，うすい黄色の粉）と水素（気体，泡《あわ》として出る）ができるので，その後，水を蒸発《じょうはつ》させると出てくるものは，鉄ではなく塩化鉄という別のものです。

【スチールウール（鉄）に塩酸を加えたとき】

【アルミホイル（アルミニウム）に塩酸を加えたとき】

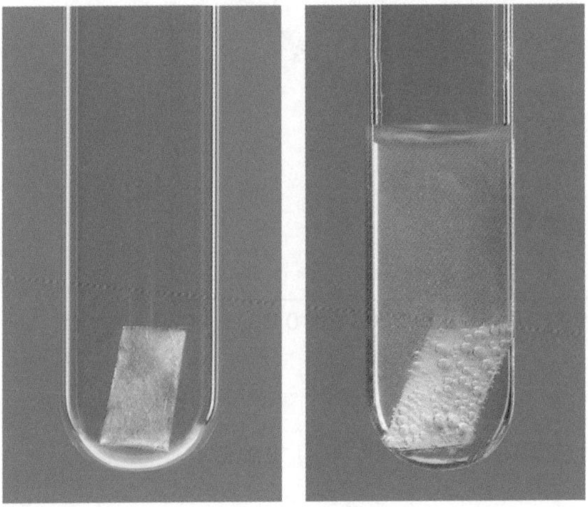

第11章 地球と人間

1 空気と人間

私《わたし》たちは呼吸《こきゅう》によって，空気中の酸素をからだに取り入れて二酸化炭素を出しています。

酸素や二酸化炭素は，生活にどのような影響《えいきょう》を与《あた》えているのでしょうか。

電気をつくるために，石油や石炭，天然ガスを燃やします。これらを燃やすときには酸素が使われて二酸化炭素が外に出されます。

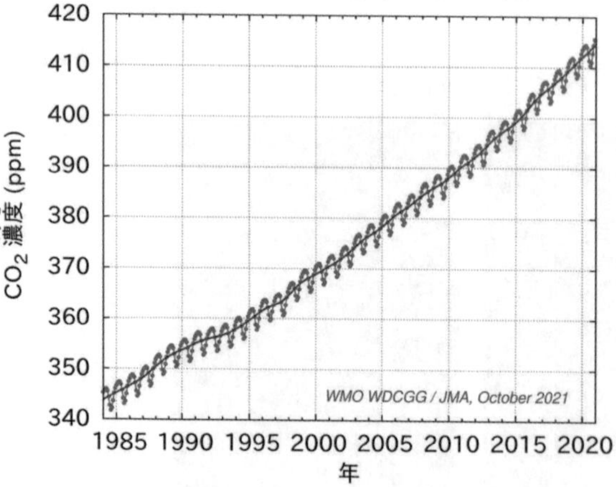

気象庁《きしょうちょう》ホームページより引用

※CO_2とは二酸化炭素のことであり，400ppmは0.04%です。

二酸化炭素が空気中に占《し》める体積の割合《わりあい》は，1900年ごろは0.03%前後でした。しかし，2022年現在は0.04%前後になっています。

地球の気温が少しずつ上昇《じょうしょう》している現象は「温暖化《おんだんか》（地球温《おん》暖化《だんか》）」とよばれていますが，その原因の１つに，二酸化炭素の割合《わりあい》の上昇《じょうしょう》が考えられています。

温暖化《おんだんか》が進むと，同じ地域《ちいき》でも今まで生きてきた生物が生きられなくなるなど，環境《かんきょう》の変化が起きるのではないかと心配されています。

発電については，火力発電では二酸化炭素を出しますが，風力発電や太陽光発電では二酸化炭素を出さないことから，特に，住宅《じゅうたく》でも設置できる太陽光発電の装置《そうち》の普及《ふきゅう》（世の中に広まること）が進められています。

火力発電

風力発電

太陽光発電

2 水の利用

海には大量の水がありますが，人間は海水を飲んで生き続けることはできません。建築物も，材料によっては海水にさらされると強度が失われてしまいます。

また，海水でない水であっても，パソコンに水が入ると動かなくなることがあります。

長崎県の端島《はしま》。別名「軍艦島《ぐんかんじま》」。1974年まで人が住んでいたが，現在は無人島。建築物は海水や海からの風にさらされて，強度を失った。

建築や機械では，水が必要になることがほとんどです。しかし，その一方で，水にさらされて「さび」ができて強度を失うことのないよう，慎重《しんちょう》に設計・開発されます。

気がついたことを書きとめよう

確《かく》認《にん》問題

解答 142ページ

1．空気と人間

1 次の空らんに入る言葉を答えましょう。

私《わたし》たちは呼吸《こきゅう》によって，空気中の【 ① 】をからだに取り入れて【 ② 】を出しています。電気をつくるために，【 ③ 】(中東地域《ちいき》でよく採掘《さいくつ》される）や石炭，天然ガスを燃やします。

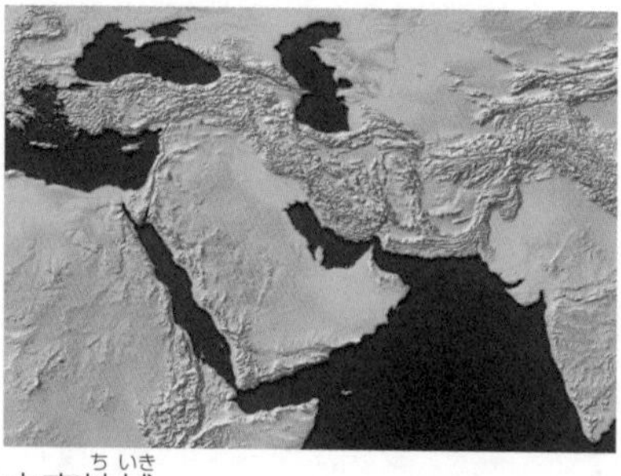

中東地域《ちいき》

これらを燃やすときには【 ① 】が使われて【 ② 】が外に出されます。【 ② 】が空気中に占《し》める割合《わりあい》は，少しずつ増えています。地球の気温が少しずつ上昇《じょうしょう》している現象は【 ④ 】とよばれていますが，その原因の1つに，【 ② 】の割合《わりあい》の上昇《じょうしょう》が考えられています。【 ④ 】が進むと，同じ地域《ちいき》でも今まで生きてきた生物が生きられなくなるなど，環境《かんきょう》の変化が起きるのではないかと，心配されています。

〔① 〕

〔② 〕

〔③ 〕

〔④ 〕

2 次の空らんに入る言葉を答えましょう。

【 ① 】発電では【 ② 】を出しますが，風力発電や【 ③ 】発電では【 ② 】を出さないことから，【 ③ 】発電の装置《そうち》を住宅《じゅうたく》に設置することが進められています。

〔①　　　　　　　　　　〕
〔②　　　　　　　　　　〕
〔③　　　　　　　　　　〕

2. 水の利用

次の空らんに入る適切な方の言葉を選びましょう。

海には大量の水がありますが，人間は海水を飲んで生き続けることが【 できます・できません 】。そのため，飲料用の水を確保することは非常に重要です。

〔　　　　　　　　　　〕

解 答

問題 140ページ

1. 空気と人間

1 ①酸素　②二酸化炭素　③石油　④温暖《おんだん》化《か》(地球温暖《おんだん》化《か》)

2 ①火力　②二酸化炭素　③太陽光

2. 水の利用

できません

気がついたことを書きとめよう

本シリーズの電子書籍版「ツーコイン電子参考書・問題集シリーズ」の
制作にあたっては令和２年度事業再構築補助金の交付を受けました。

■理科 小6参考書クレジット

写真：鶴来雅宏／アフロ
写真：藤井一広／アフロ
写真：imagebroker／アフロ
火山防災推進機構／アフロ
写真：イメージマート
写真：Science Photo Library／アフロ
写真：加藤省二／アフロ
写真：森田 裕貴／アフロ
写真：山田豊宏／アフロ
写真：縄手英樹／アフロ
写真：Alamy／アフロ
写真：吉川　信之／アフロ
写真：YUTAKA／アフロ

印刷所	三省堂印刷株式会社
カバー・本文イラスト	二平瑞樹
ブックデザイン	木村祐一（ゼロメガ）
DTP	ゼロメガ
編集協力	二平絵美

ワンコイン参考書シリーズ
小6理科参考書

令和５年10月１日　初版刊行

著　者　高谷唯人
発行者　原　精一
東京都江東区亀戸８-25-12
発行所　株式会社　日栄社
〒136-0071　東京都江東区亀戸８-25-12
電話　03-6807-0801（代）
ホームページ　https://www.nichieisha.com/

ISBN978-4-8168-5631-0　Printed in Japan